21世纪技能创新型人才培养系列教材　大数据系列

大数据爬虫技术

主　编　黄　源　李兵川　尹光辉
副主编　刘志才　吴湘江　王雅静　秦阳鸿
　　　　陈　阳　薛中会　黄　英　张永建
　　　　边龙龙　陈建勇　王　玉　齐　宁
　　　　古荣龙　王志远　秦　伟
主　审　梁晓阳

中国人民大学出版社
·北京·

前言

　　网络爬虫/爬虫程序（Web Crawler），也称网络机器人、网络游客、蜘蛛爬虫，根据《互联网搜索引擎服务自律公约》，这是一种按照指定规则，可自动、批量从互联网爬行抓取数据信息的程序。网络爬虫技术作为采集大数据的主要方式之一和重要的大数据信息来源，已经被广泛并成熟地应用于各种互联网商业模式和使用场景，例如：新零售、社交、新闻、地图、互联网金融等。网络爬虫爬取的数据是大数据企业数据分析的重要源头之一，例如：一些大数据分析企业开发的购物平台大数据分析软件会借助爬虫技术大量收集购物平台的信息，如买家关键词搜索热度、某关键词相关产品的成交量、某关键词相关产品的定价分布等，当收集到足够多的原始信息样本后，再借助大数据分析技术，向其客户提供商品流行趋势、定价策略的分析。

　　党的二十大报告指出，要深入实施科教兴国战略、人才强国战略、创新驱动发展战略，开辟发展新领域新赛道，不断塑造发展新动能、新优势。而网络爬虫作为大数据的核心技术，值得人们去学习、去研究。本书从网络爬虫技术出发，结合一线教师的教学实际经验与当前学生的实际情况编写而成，侧重于讲述爬虫技术知识，注重专业应用能力和计算思维能力的培养。

　　本书深入浅出地讲解了大数据爬虫技术。全书共 6 个项目，包括爬虫基础、Python 爬虫、爬虫与数据存储、Scrapy 框架、爬取动态网页以及爬虫与数据分析。每个项目列出了教学目标，指明了教与学的知识、技能、素养培养方向，并附带上机实训项目与操作指导，理论与实践相结合，实用性强，方便学生及时巩固技能，提升操作能力。

　　全书内容丰富、由浅入深、循序渐进、图文并茂、重点突出、通俗易懂，既可作为院校大数据专业的专业基础课，也可作为高等学校网络专业、人工智能专业以及软件技术专业的选修课，本书建议开课院校安排的课时为 46 学时。

　　本书由黄源（重庆航天职业技术学院）、李兵川（重庆航天职业技术学院）、尹光辉（咸宁职业技术学院）担任主编；刘志才（四川商务职业学院）、吴湘江（娄底职业技术学院）、王雅静（山西财贸职业技术学院）、秦阳鸿（重庆三峡职业学院）、陈阳（四川航天职业技术学院)、薛中会(上海出版印刷高等专科学校)、黄英(阳泉职业技术学院)、张永建(山西信息职业技术学院)、边龙龙(石家庄信息职业技术学院)、陈建勇(温州科技职业技术学院)、王玉(昆明冶金职业技术学院)、齐宁(吉林电子信息职业技术学院)、古荣龙(四川水利职业技术学院)、王志远(广西生态工程职业技术学院)、秦伟(长治职业技术学院)担任副主编。梁晓阳(烟台工程职业技术学院)担任主审。感谢重庆誉存大数据企业专家的指导,使本书内容更加符合职业岗位的能力要求与操作规范。本书的撰写与出版过程也得益于同行众多同类教材的启发和中国人民大学出版社的鼎力支持,在此一并深表感谢。

  由于编者水平有限,书中难免有不妥之处,诚挚期盼同行、使用本书的师生们给予批评和指正。

编者

目录

项目 1 爬虫基础 ·· 1
教学目标 ·· 1
1.1 爬虫简介 ··· 1
1.2 爬虫基础 ··· 7
1.3 网页的请求和响应 ·· 16
1.4 Python 的安装与使用 ··· 23
1.5 项目小结 ·· 33
1.6 实训 ·· 33
1.7 习题 ·· 36

项目 2 Python 爬虫 ·· 37
教学目标 ·· 37
2.1 urllib 库 ··· 38
2.2 requests 库 ··· 48
2.3 正则表达式 ··· 60
2.4 BeautifulSoup ··· 65
2.5 Xpath ·· 70
2.6 PyQuery ·· 75
2.7 JsonPath ·· 79
2.8 基础爬虫框架 ·· 83
2.9 项目小结 ·· 89
2.10 实训 ·· 89
2.11 习题 ·· 91

项目 3　爬虫与数据存储 ... 92
教学目标 ... 92
- 3.1　文件格式 ... 92
- 3.2　MySQL 数据库 ... 96
- 3.3　Redis 数据库 ... 106
- 3.4　OrientDB 数据库 ... 113
- 3.5　Python 操作 MySQL 数据库 ... 120
- 3.6　项目小结 ... 128
- 3.7　实训 ... 128
- 3.8　习题 ... 131

项目 4　Scrapy 框架 ... 132
教学目标 ... 132
- 4.1　Scrapy 框架简介 ... 132
- 4.2　Spider ... 140
- 4.3　Scrapy 的开发与实现 ... 143
- 4.4　项目小结 ... 156
- 4.5　实训 ... 156
- 4.6　习题 ... 158

项目 5　爬取动态网页 ... 159
教学目标 ... 159
- 5.1　应用场景 ... 160
- 5.2　动态网页特征 ... 160
- 5.3　动态网页爬取 ... 166
- 5.4　项目小结 ... 179
- 5.5　实训 ... 179
- 5.6　习题 ... 183

项目 6　爬虫与数据分析 ... 184
教学目标 ... 184
- 6.1　文本分析 ... 184
- 6.2　数据清洗 ... 189
- 6.3　Python 爬虫排序算法 ... 205
- 6.4　项目小结 ... 209
- 6.5　实训 ... 209
- 6.6　习题 ... 211

参考文献 ... 212

项目 1 爬虫基础

教学目标

知识目标

- 了解爬虫的特点。
- 理解爬虫的运行机制。
- 理解网页数据传输方式。
- 理解网页运行方式。
- 熟悉 Python 程序的规则。

能力目标

- 会查看网页中的数据。
- 会使用 HTML5 标记。
- 会使用 Python 编写简单的程序。

素养目标

- 引导学生感受大数据技术的发展趋势和巨大的应用价值。
- 让学生认识到科学技术是第一生产力,激发他们学好知识、报效祖国的信念。

1.1 爬虫简介

网络爬虫(Web Spider)又称为"网络机器人""网络蜘蛛",是一种通过既定规则,能够自动提取网页信息的程序。爬虫的目的在于将目标网页数据下载至本地,以便于进行后续的数据分析。爬虫技术的兴起源于海量网络数据的可用性,通过爬虫技术使我们能够较为容易地获取网络数据，并通过对数据的分析得出有价值的结论。

网络爬虫在信息搜索和数据挖掘过程中扮演着重要的角色，对爬虫的研究开始于 20 世纪，目前爬虫技术已趋于成熟。网络爬虫技术最早应用于搜索引擎领域，是搜索引擎获取数据来源的支撑性技术之一。随着数据资源的爆炸式增长，网络爬虫的应用场景和商业模式变得更加广泛和多样，较为常见的有新闻平台的内容汇聚和生成、电子商务平台的价格对比功能、基于气象数据的天气预报应用等等。一个出色的网络爬虫工具能够处理大量的数据，大大节省了人类在该类工作上所花费的时间。网络爬虫通过自动提取网页的方式完成下载网页的工作，实现大规模数据的下载，省去诸多人工繁琐的工作。

1.1.1 爬虫运行机制

网络爬虫是一种数据收集的方式，广泛用于搜索引擎、市场分析等领域。

网络爬虫运行机制如下：爬虫从一个或若干个种子页面开始，获得种子页面上的链接，并根据需求来追踪其中的一些链接，达到遍历所有网页的目的。在抓取网页的过程中，一方面提取需要的数据信息，另一方面从当前页面上抽取新的网页地址放入待处理队列，直到满足系统一定的停止条件，具体运行机制如图 1-1 所示。

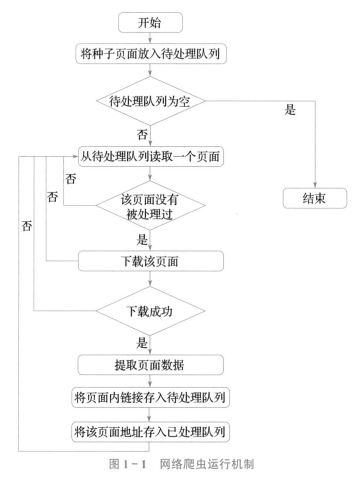

图 1-1 网络爬虫运行机制

1.1.2 爬虫协议

robots 协议全称为"网络爬虫排除标准",该协议是互联网中的道德规范,主要用于保护网站中的某些隐私。网站可以通过 robots 告诉搜索引擎哪些页面可以抓取,哪些页面不能抓取。

一般来讲,robots.txt 是一个文本文件,存在于网站的根目录下,当搜索引擎访问网站时,第一个要读取的文件就是 robots.txt 文本。值得注意的是:任何网站都可以创建 robots.txt 文件,但如果某个网站所有的内容都想被搜索引擎爬虫抓取的话,尽量不要使用 robots.txt。

图 1-2 显示了爬虫对于网站的目录结构的爬行过程。

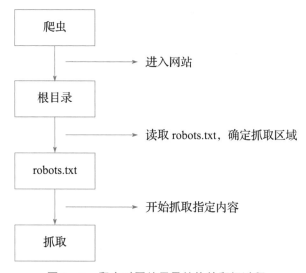

图 1-2　爬虫对网站目录结构的爬行过程

值得注意的是:robots 协议并没有形成法律的规范,仍然属于道德层面的约束。

1.1.3 网站地图

很多网站的连接层次比较深,蜘蛛很难抓取到,网站地图(sitemap)可以方便搜索引擎蜘蛛抓取网站页面,通过抓取网站页面,清晰了解网站的架构。

网站地图就是根据网站的结构、框架和内容生成的导航网页文件,网站地图一般存放在根目录下并命名为 sitemap。网站地图对于提高用户体验有极大好处,它们为网站访问者指明方向,并帮助迷失的访问者找到他们想看的页面。

网站地图常见的是 HTML 版本的网站地图,这个版本的网站地图就是用户可以在网站上看到的,列出网站上所有主要页面的链接的页面,对小网站来说,甚至可以列出整个网站的所有页面。

值得注意的是:对于具有规模的网站来说,一个网站地图不可能罗列所有的页面链接，可以采取两种办法，第一种办法是网站地图只列出网站最主要的链接，如一级分类，二级分类；第二种办法是将网站地图分成几个文件，主网站地图列出通往次级网站的链接，次级网站地图再列出一部分页面链接。

1.1.4 爬虫工具

当前比较常用的爬虫工具较多，一般主流的有 Scrapy 和 PySpider 等技术框架。表 1-1 描述了当前使用较多的几种爬虫工具名称以及功能简介。

表 1-1 常用的爬虫工具及功能简介

编号	爬虫框架名称	功能描述
1	Scrapy	Scrapy 是一个为了爬取网站数据，提取结构性数据而编写的应用框架
2	PySpider	PySpider 是一个用 Python 实现的功能强大的网络爬虫系统，能在浏览器界面上进行脚本的编写、功能的调度和爬取结果的实时查看
3	Crawley	Crawley 可以高速爬取对应网站的内容，支持关系和非关系数据库，数据可以导出为 JSON、XML 等
4	Portia	Portia 是一个开源可视化爬虫工具，Portia 将创建一个蜘蛛从类似的页面提取数据
5	Newspaper	Newspaper 可用来提取新闻、文章和内容分析。使用多线程，支持 10 多种语言等
6	Grab	Grab 是一个用于构建 Web 刮板的 Python 框架，它提供一个 API 用于执行网络请求和处理接收到的内容，例如与 HTML 文档的 DOM 树进行交互
7	Cola	Cola 是一个分布式的爬虫框架，对于用户来说，只需编写几个特定的函数，而无须关注分布式运行的细节。任务会自动分配到多台机器上，并且整个过程对用户是透明的

Scrapy 是一个常见的开源爬虫框架，它使用 Python 语言编写。Scrapy 可用于各种有用的应用程序，如数据挖掘、信息处理以及历史归档等，目前主要用于抓取 Web 站点并从页面中提取结构化的数据。

在网页爬虫采集时可使用的编程语言主要有 Python、Java 和 C#。如果要在传感器中采集数据，可使用 C、C++ 以及 Shell 等其他编程语言。

1.1.5 爬虫框架

目前，网络上有很多开源爬虫软件可供使用者选择，常见的有 Larbin、Nutch、Heritrix 等，开源爬虫是已成型的爬虫软件，用户可以直接使用开源爬虫抓取网络上的网页资源。这些开源的爬虫软件各有优劣，比如：Larbin 优点是性能较稳定，缺点是没有删除功能，容易发生误判；Nutch 和 Lucence、Hadoop 结合性很好，缺点是不太稳定；Heritrix 具有高度可扩展性、性能优越，但对中文的支持度不够，容错性和恢复机制较差。

网络爬虫按照系统结构和实现技术,大致可以分为:通用网络爬虫、聚焦网络爬虫、增量式网络爬虫、深层网络爬虫。实际的网络爬虫系统通常由几种爬虫技术相结合实现。

(1)通用网络爬虫。

通用网络爬虫也称"全网爬虫",通用网络爬虫是搜索引擎抓取系统的重要组成部分,主要为门户网站站点搜索引擎和大型 Web 服务提供商采集网络数据。这类网络爬虫的爬行范畴和数量极大,对于爬行速度和储存空间要求较高,对于爬行网页页面的顺序要求相对较低,同时因为待刷新的页面过多,通常采用并行工作方式,但需要长时间才能刷新一次页面。通用网络爬虫爬取过程如图 1-3 所示。

(2)聚焦网络爬虫。

聚焦网络爬虫是一个自动下载网页的程序,它根据既定的抓取目标,有选择地访问万维网上的网页与相关的链接,获取所需要的信息。与通用爬虫不同,聚焦爬虫并不追求大的抓取信息的覆盖,而是将目标定为抓取与某一特定主题内容相关的网页,为面向主题的用户查询准备数据资源。

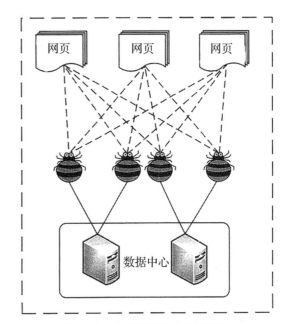

图 1-3 通用网络爬虫爬取过程

(3)增量式网络爬虫。

增量式网络爬虫是指对已下载网页采取增量式更新和只爬行新产生的或者已经发生变化的网页的爬虫,它能够在一定程度上保证所爬行的页面是尽可能新的页面。与周期性爬行和刷新页面的网络爬虫相比,增量式爬虫只会在需要的时候爬行新产生或发生更新的页面,并不重新下载没有发生变化的页面,可有效减少数据下载量,及时更新已爬行的网页,减小时间和空间的耗费,但是增加了爬行算法的复杂度和实现难度。例如,想获取某招聘网的招聘信息,以前爬取过的数据没有必要重复爬取,只需要获取更新的招聘数据,这时候就要用到增量式爬虫。

(4)深层网络爬虫。

Web 页面按存在方式可以分为表层网页和深层网页。表层网页是指传统搜索引擎可以索引的页面,以超链接可以到达的静态网页为主构成的 Web 页面。深层网页是那些大部分内容不能通过静态链接获取的、隐藏在搜索表单后的,只有用户提交一些关键词才能获得的 Web 页面,例如用户登录或者注册才能访问的页面。深层网络爬虫是指抓取深层网页的网络爬虫,它要抓取的网页层次比较深,需要通过一定的附加策略才能够自动抓取，实现难度较大。

1.1.6 爬虫技术的应用场景

随着互联网信息的"爆炸"，网络爬虫渐渐为人们所熟知，并被应用到社会生活的众多领域。作为一种自动采集网页数据的技术，大多数依赖数据支撑的应用场景都离不开网络爬虫，包括搜索引擎、舆情分析与监测、聚合平台、出行类软件等。

用户利用爬虫软件可以爬取各大门户网站的新闻、各类电子报刊的新闻，例如，用户可以爬取某新闻上关于某个关键字的信息，并于每周梳理出几个关键词，以抓住行业的最新动向。

政府或企业通过网络爬虫技术自动采集论坛评论、在线博客、新闻媒体等网站中的海量数据，采用数据挖掘的相关方法（如词频统计、文本情感计算、主题识别等）发掘舆情热点，跟踪目标话题，并根据一定的标准采取相应的舆情控制与引导措施。例如热点排行榜、热搜排行榜。

如今出现的很多网络平台也是网络爬虫技术的常见的应用场景，这些平台就是运用网络爬虫技术对一些电商平台上的商品信息进行采集，将所有的商品信息放到自己的平台上展示，并提供横向数据的比较，帮助用户寻找实惠的商品价格。例如，用户在网络平台搜索某品牌智能手表后，平台上展示了很多款该品牌智能手表的价格分析及价格走势等信息。

此外，出行类软件也是网络爬虫应用比较多的场景。这类软件运用网络爬虫技术，不断访问交通出行的官方售票网站刷新余票，一旦发现新的余票便会通知用户付款买票。不过，官方售票网站并不欢迎网络爬虫的这种行为，因为高频率地访问网页极易造成网站瘫痪的情况。

1.1.7 爬虫带来的法律问题

随着互联网经济的迅猛发展，互联网技术不断推陈出新，网络数据如同一座矿藏，正在一点点被开采使用。网络爬虫技术正是一把开采矿藏的利器，虽然爬虫技术本身"中立"，但不当的使用行为却可能存在相应的法律风险，值得行业从业者关注。尽管robots协议基于搜索技术应服务于人类，同时尊重信息提供者的意愿，并维护其隐私权，同时网站有义务保护其使用者的个人信息和隐私不被侵犯的原则，是维护互联网世界隐私安全的重要规则，但是robots协议只是"君子协定"，不具有法律效力，该协议代表的是一种契约精神，互联网企业只有遵守这一规则，才能保证网站及用户的隐私数据不被侵犯。

目前使用爬虫技术可能涉及的法律风险主要来自以下方面。

（1）违背被爬取方的意愿，例如规避网站设置的反爬虫措施、强行突破其反爬措施。

（2）爬虫的使用对被访问网站的正常运行造成了干扰的实际后果。

（3）爬虫抓取到受法律保护的特定类型的信息。

网络爬虫可以分为技术使用行为和数据使用行为，两种行为的发生都会带来一定的刑事法律问题，甚至构成犯罪。

一方面，技术使用行为包括侵入行为、破坏行为和获取行为。侵入行为是运用爬虫技术非法进入计算机信息系统内部；若使用爬虫技术，非法侵入了国家事务、国防建设、尖端科学技术领域的计算机信息系统，则只要实施了侵入行为即构成非法侵入计算机信息系统罪。破坏行为是非法对计算机信息系统功能或计算机信息系统中存储、处理或者传输的数据和应用程序进行破坏，或者故意制作、传播计算机病毒等破坏性程序，影响计算机系统正常运行，后果严重的行为，构成破坏计算机信息系统罪。获取行为是指使用爬虫技术，非法侵入属于国家事务、国防建设、尖端科学技术领域之外的计算机信息系统，获取了该计算机中处理、存储或传输的数据，或者对该计算机信息系统实施非法控制，情节严重的，则会构成非法获取计算机信息系统数据罪。

另一方面，对利用网络爬虫所获取的数据实施进一步的传播、提供等后续使用行为所带来的法律问题，需要具体分析所获取的数据的性质及其保护规则。如被传播的数据内容系淫秽物品并利用传播行为进行牟利，则可能构成非法传播淫秽物品罪及传播淫秽物品牟利罪；如被传播的数据内容是商业秘密或者公民的个人信息，则可能构成非法提供公民个人信息罪以及侵犯商业秘密罪等。

此外，在民事方面，使用爬虫技术大量爬取公民公开或者非公开的个人信息时，根据《中华人民共和国民法典》的规定，自然人的个人信息受法律保护。任何组织和个人需要获取他人个人信息的，应当依法取得并确保信息安全，不得非法收集、使用、加工、传输他人个人信息，不得非法买卖、提供或者公开他人个人信息。当使用爬虫技术爬取的数据属于公民的个人隐私，又在其他地方对该信息进行传播时，以致对相关的用户造成损害后果的，根据相关法律的规定，该行为可能构成侵犯公民个人的隐私权。

综上所述，处在人工智能时代，大数据的合理使用为人们的学习和生活带来了极大的便利，但也存在诸多的挑战，可谓"机遇与挑战并存"。在网络爬虫被广泛使用的同时，数据访问的获取、使用和分享的规则亟待确立。除了依靠robots协议对网络爬虫控制者的行为进行规范外，制定相应的法律法规对其进行法律约束，对其违规行为制订相应的惩戒措施，坚决打击违规越轨行为，以强制力保障robots协议的效力和普遍适用力，以强有力的惩戒措施对违法行为进行规制，才能实现高效互联。

1.2 爬虫基础

1.2.1 HTML 标记

网络爬虫的基础是HTML，因此在学习网络爬虫之前需要首先了解关于HTML的基础知识。

HTML的英文全称是"Hyper Text Marked Language",也称"超文本标记语言",它是一种标识性的语言。HTML包括一系列标签,通过这些标签可以将网络上的文档格式统一,使分散的Internet资源连接为一个逻辑整体。

用HTML编写的超文本文档称为HTML文档,它能独立于各种操作系统平台(如UNIX,Windows等)。开发者可以使用HTML语言,将所需要表达的信息按某种规则写成HTML文件,而浏览者则可以通过专用的浏览器来识别这些HTML文件,即用户见到的网页。

HTML标记以<>开始,以</>结束,中间为标记内容。文档以<HTML></HTML>标记表示网页文档的开始,以<head></head>标记表示网页的头部内容,以<body></body>标记表示网页的正文部分。常见的HTML文档书写结构如下:

```
<html>
<head>
<title>标题</title>
</head>
<body>
  正文
</body>
</html>
```

目前HTML5是HTML的最新标准。HTML5是包含了HTML、CSS、JavaScript等在内的多种技术的组合,其中HTML和CSS主要负责页面的搭建,JavaScript负责逻辑处理。它在图形处理、动画制作、视频播放、网页应用、页面布局等多个方面给网页结构带来了巨大的改变。HTML5的目标是取代HTML4以及XHTML1.0标准,降低网页对插件的依赖,如Flash等软件的应用,将网页带入一个成熟的应用平台,实现各种设备的互联与应用,更好满足人们的需求。HTML5特点如下:

- 每一个HTML5文档必须以DOCTYPE元素开头。<!DOCTYPE html>告诉浏览器它处理的是HTML文档。
- <!DOCTYPE>声明没有结束标签。
- <!DOCTYPE>声明对大小写不敏感。

一个最简单HTML5页面代码如下所示。

```
<!DOCTYPE html>
<html lang="zh">
<head>
<title>这是我的网页</title>
</head>
```

```
<body>
<h1> 我的第一个标题 </h1>
<p> 我的第一个段落。</p>
</body>
</html>
```

该网页在浏览器中运行结果如图 1-4 所示。

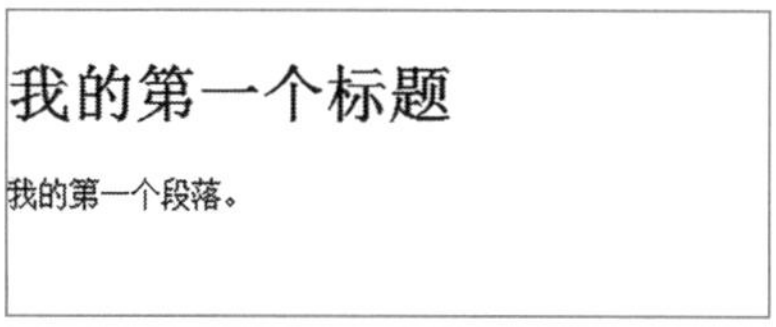

在开发 HTML5 网页时，为了实现浏览器的兼容性，需要对不同厂商的浏览器进行功能测试，以便使用户的体验更好。常见检测方法可以使用 canvas 标签进行网页测试：

图 1-4 网页运行结果

```
<!DOCTYPE html>
<html>
<head>
<title> 这是 HTML5 网页 </title>
</head>
<body>
<canvas style="background-color:red"> 浏览器不支持 canvas 标签。</canvas>
</body>
</html>
```

用不同的浏览器打开该网页，能够查看到不同的显示结果。当浏览器不兼容 HTML5 时会显示相应的文字。

1.2.2 CSS 样式表

CSS（Cascading Style Sheet）称为"层叠样式表"，也可以称为 CSS 样式表或样式表，其文件扩展名为 .CSS。CSS 用于增强或控制网页样式，并允许将样式信息与网页内容分隔开的一种标记性语言。

当 HTML 刚刚出现的时候，没有人在意页面是否好看。随着技术的发展，大众审美也逐渐提升，网页也需要有更多的变化而不仅仅是文字的展示，开始出现了网页设计师这样的职业，而与之相对的就是 CSS 的诞生。HTML 标签原本用于定义文档内容。通过使用 <h1> <p> <table> 这样的标签，HTML 的初衷是表达"这是标题""这是段落""这是表格"之类的信息。同时文档布局由浏览器来完成，而不使用任何的格式化标签。但是由于两种主要的浏览器（Netscape 和 Internet Explorer）不断地将新的 HTML 标签和属性（比如字体标签和颜色属性）添加到 HTML 规范中，这样创建一个独有于文档表现层的站点越来越困难。

为了解决这个问题，万维网联盟（W3C）(非营利的标准化联盟)肩负起了 HTML 标准化的使命，并在 HTML 4.0 之外创造出 CSS，并且所有的主流浏览器均支持层叠样式表。

样式表允许以多种方式规定样式信息。样式可以规定在单个的 HTML 元素中，在 HTML 页的头元素中，或在一个外部的 CSS 文件中，甚至可以在同一个 HTML 文档内部引用多个外部样式表。

CSS 规则由两个主要的部分构成：选择器与声明。声明可以是一条或者多条，多条声明在书写时用";"分隔开。如图 1-5 所示。

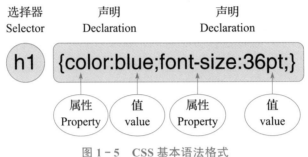

图 1-5　CSS 基本语法格式

在图 1-5 中，h1 是选择器，color 和 font-size 是属性，blue 和 36pt 是值。

选择器（selector）通常是用户需要改变样式的 HTML 元素。而声明（Declaration）是由一个属性和一个值组成。属性（Property）是希望设置的样式属性（style attribute）。值就是赋予样式属性的一个具体值，属性和值在书写的时候用冒号分隔开。

样式表实例，代码如下：

```
.h1{
width: 60%;        /* 元素的宽度设定 */
margin: 0 auto;    /* 元素的外边距设定，左右居中 */
}
```

内部样式表可写在 HTML 文档内部，代码如下：

```
<head>
<style type="text/css">
.center{
text-align:center;
}
.main{
margin-top:30px;
}
</head>
```

常见的外部样式表的插入在 HTML5 文档的头部标记 <head> 中实现，代码如下：

```
<head>
<link href="css/main.css" rel="stylesheet" type="text/css" />
</head>
```

其中 href="css/main.css" 表示链接的样式表名称和目录地址，外部样式表保存格式为"*.css"。

1.2.3 JavaScript 语言

JavaScript 是一种轻量级的编程语言，基于原型编程、多范式的动态脚本语言，并且支持面向对象、命令式和声明式（如函数式编程）风格。

JavaScript 由 3 个部分组成：ECMAScript、文档对象模型（DOM）、浏览器对象模型（BOM）。

（1）ECMAScript。

ECMAScript 是一种可以在宿主环境中执行计算并能操作可计算对象的基于对象的程序设计语言。ECMAScript 最先被设计成一种 Web 脚本语言，用来支持 Web 页面的动态表现以及为基于 Web 的客户机——服务器架构提供服务器端的计算能力。

（2）文档对象模型（DOM）。

DOM（全称为"Document Object Model"）译为"文档对象模型"，是 HTML 和 XML 文档的编程接口，是 W3C 组织推荐的处理可扩展标志语言的标准编程接口。DOM 定义了访问和操作 HTML 文档的标准方法，通常以树结构表达 HTML 文档。DOM 技术使得用户页面可以动态地变化，并使得页面的交互性大大地增强，例如可以动态地显示或隐藏一个元素，改变它们的属性，增加一个元素等。

因此，DOM 实际上是以面向对象方式描述的文档模型，它定义了表示和修改文档所需的对象、这些对象的行为和属性以及这些对象之间的关系。通过 JavaScript，用户可以重构整个 HTML 文档，可以添加、移除、改变或重排页面上的项目，这些操作都可以通过 DOM 来获得。

（3）浏览器对象模型（BOM）。

BOM（"Browser Object Model"）译为"浏览器对象模型"。它将整个浏览器看作一个对象，并使用 JavaScript 来访问和控制浏览器对象实例，因此主要用于客户端浏览器的管理。

JavaScript 中常见的 Document 对象方法见表 1-2。

表 1-2　JavaScript 中常见的 Document 对象方法

方法名称	描述
close()	关闭用 document.open() 方法打开的输出流，并显示选定的数据
getElementById()	返回对拥有指定 id 的第一个对象的引用
getElementsByName()	返回带有指定名称的对象集合
getElementsByTagName()	返回带有指定标签名的对象集合
createElement(tagName)	创建一个标签对象，tagName 是要创建的标签名

续表

方法名称	描述
open()	打开一个流,以收集来自任何 document.write() 或 document.writeln() 方法的输出
write()	向文档写入 HTML 表达式或 JavaScript 代码
writeln()	等同于 write() 方法,不同的是在每个表达式之后写一个换行符

[例 1-1] 在 HTML5 网页中增加 JavaScript。

代码如下:

```
<!DOCTYPE html>
<html>
<head>
<meta charset="utf-8">
<title>javascript</title>
</head>
<body>
<p>
JavaScript 能够直接写入 HTML 输出流中:
</p>
<script>
document.write("<h1>这是一个标题</h1>");
document.write("<p>这是一个段落。</p>");
</script>
<p>
往文档里写入 HTML 表达式或 JavaScript 代码
</p>
</body>
</html>
```

该例使用语句 document.write() 向 HTML 文档中写入 JavaScript 代码。在 JavaScript 中每个载入浏览器的 HTML 文档都会成为 Document 对象。

运行该例如图 1-6 所示。

1.2.4 网络协议

(1) HTTP 协议。

HTTP 也称作"超文本传输协议",它是

图 1-6 在 HTML5 网页中增加 JavaScript

一个基于请求与响应、无状态的、应用层的协议，常基于 TCP/IP 协议传输数据，是互联网上应用最为广泛的一种网络协议，所有的 WWW 文件都必须遵守这个标准。

HTTP 协议本身是非常简单的。它规定只能由客户端主动发起请求，服务器接收请求处理后返回响应结果，同时 HTTP 是一种无状态的协议，协议本身不记录客户端的历史请求记录。HTTP 协议采取的是请求响应模型，该协议永远都是客户端发起请求，服务器回应响应。与此同时，同一个客户端的这次请求和上次请求没有对应的关系。一次 HTTP 操作称为一个事务，其执行过程可分为 4 个步骤：首先，客户端与服务器需要建立连接，例如单击某个超链接，HTTP 的工作就开始了；建立连接后，客户端发送一个请求给服务器，请求方的格式为：统一资源标识符（URL）、协议版本号，后边是 MIME 信息，包括请求修饰符、客户机信息和可能的内容；服务器接到请求后，给予相应的响应信息，其格式为一个状态行，包括信息的协议版本号、一个成功或错误的代码，后边是 MIME 信息，包括服务器信息、实体信息和可能的内容；客户端接收服务器所返回的信息，通过浏览器将信息显示在用户的显示屏上，然后，客户端与服务器断开连接。如果以上过程中的某一步出现错误，那么产生错误的信息将返回到客户端，在输出端显示屏上输出，这些过程都是由 HTTP 协议来完成的。

可以简单地把 HTTP 请求理解为从客户端到服务器端的请求消息。无论是人在操作浏览器还是爬虫操作浏览器，当希望从服务器请求服务或信息时，就需要首先向服务器端发出一个请求，然后服务器返回响应，最后连接关闭，这就是 Web 服务的流程。图 1-7 显示了使用 HTTP 协议来建立客户机和服务器的连接。

图 1-7 使用 HTTP 协议来建立客户机和服务器的连接

（2）HTTPS 协议。

设计 HTTP 的初衷是为了提供一种发布和接收 HTML 页面的方法，而 HTTPS 则是一种通过计算机网络进行安全通信的传输协议，经由 HTTP 进行通信，利用 SSL/TLS 建立全信道，加密数据包。使用 HTTPS 的主要目的是提供对网站服务器的身份认证，同时保护交换数据的隐私与完整性。

随着信息技术的不断发展，现在越来越多的网站和 App 都已经从 HTTP 方向向 HTTPS 方向发展。

1.2.5 字符编码

在计算机中，所有的信息都是 0/1 组合的二进制序列，计算机是无法直接识别和存储字符的。因此，字符必须经过编码才能被计算机处理。字符编码是计算机技术的基础，也是大数据清洗需要的基本功之一。

字符编码也叫作"字集码"，把字符集中的字符编码为指定集合中某一对象（例如：

比特模式、自然数序列、8位组或者电脉冲），以便文本在计算机中存储和通过通信网络的传递。常见的例子包括将拉丁字母表编码成摩斯电码和ASCII码。

字符是各种文字和符号的总称，包括各国文字、标点符号、图形符号、数字等。字符集（Character set）是多个字符的集合，字符集种类较多，每个字符集包含的字符个数不同，常见字符集名称：ASCII字符集、GB2312字符集、BIG5字符集、GB18030字符集、Unicode字符集等。计算机要准确地处理各种字符集文字，需要进行字符编码，以便计算机能够识别和存储各种文字。

（1）ASCII码。

ASCII码于1961年提出，用于在不同计算机硬件和软件系统中实现数据传输标准化，大多数的小型机和全部的个人计算机都使用此码。ASCII码划分为两个集合：128个字符的标准ASCII码和附加的128个字符的扩充ASCII码。基本的ASCII字符集共有128个字符，其中有96个可打印字符，包括常用的字母、数字、标点符号等，另外还有32个控制字符。标准ASCII码使用7个二进位对字符进行编码，对应的ISO标准为ISO 646标准。

值得注意的是：ASCII是字符集与字符编码相同的情况，直接将字符对应的8位二进制数作为最终形式存储。因此，当人们提及ASCII，既表示了一种字符集，也代表了一种字符编码，即常说的"ASCII编码"。

（2）GB 2312编码。

GB 2312编码也是ANSI编码里的一种，它为了用计算机记录并显示中文。GB 2312是一个简体中文字符集，由6 763个常用汉字和682个全角的非汉字字符组成。其中汉字根据使用的频率分为两级。一级汉字3 755个，二级汉字3 008个。

值得注意的是：GB 2312系列编码也可以认为既具有字符集的意义，又具有字符编码的意义。

（3）Unicode编码。

由于世界各国都有自己的编码，极有可能会导致乱码的产生。因此为了统一编码，减少编码不匹配现象的出现，就产生了Unicode编码。Unicode编码是一个很大的集合，现在的规模可以容纳100多万个符号。每个符号的编码都不一样，比如，U+0639表示阿拉伯字母Ain，U+0041表示英语的大写字母A，"汉"这个字的Unicode编码是U+6C49等。

值得注意的是，Unicode编码通常是2个字节，需要比ASCII码多一倍的存储空间。因此为了存储和传输上的方便，人们又推出了可变长编码即UTF-8编码。这种编码可以根据不同的符号自动选择编码的长短，它把一个Unicode字符根据不同的数字大小编码成1~6个字节，常用的英文字母被编码成1个字节，汉字通常是3个字节，只有很生僻的字符才会被编码成4~6个字节。

例如，在浏览网页时，服务器会把动态生成的Unicode内容转换为UTF-8再传输到浏览器，如图1-8所示。

从图 1-8 可以看出，UTF-8 编码也是在互联网上使用最广的一种 Unicode 的实现（传输）方式。通常，在计算机内存中统一使用 Unicode 编码，当需要保存到硬盘或需要传输时，就转换为 UTF-8 编码。用记事本编辑时，从文件读取的 UTF-8 字符转换为 Unicode 字符串保存到内存中，编辑完成后，保存时再把字符串转换为 UTF-8 字符保存到文件中。

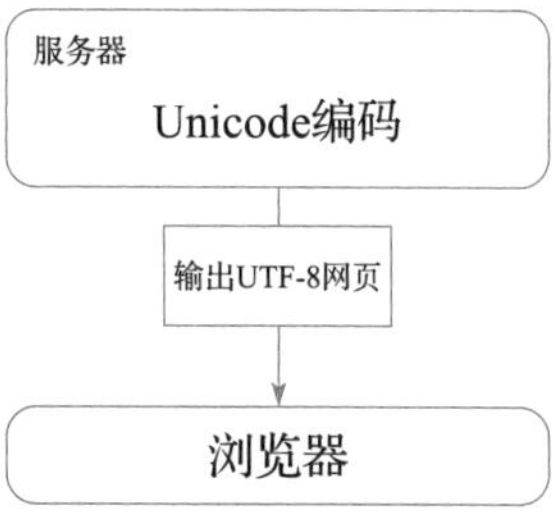

图 1-8 Unicode 编码和 UTF-8 编码的转换

1.2.6 常见的网络数据传输格式

（1）XML。

XML（可扩展标记语言）于 1998 年获得了规范和标准（如 1998 年 2 月 10 日，W3C 公布 XML 1.0 标准），并一直沿用至今，是当今互联网上保存和传输信息的主要标记语言。XML 的主要特点是将数据的内容和形式分离，以便于在互联网上传输。

以 XML 文档的整体结构来看，从设计之初，人们便将 XML 文档在网页中显示成树状结构，它的显示总是从"根部"开始，然后延伸到"枝叶"。

一个完整的 XML 文档如下：

```
<?xml version="1.0" encoding="utf-8"?>
<persons>
<person>
<full_name>Tony Smith</full_name>
<child_name>Cecilie</child_name>
</person>
<person>
<full_name>David Smith</full_name>
<child_name>Jogn</child_name>
</person>
<person>
<full_name>Michael Smith</full_name>
<child_name>kyle</child_name>
<child_name>klie</child_name>
</person>
</persons>
```

在 XML 中，第一句 <?xml version="1.0" encoding="utf-8"? > 用来声明 XML 语句的规范信息，包含了 XML 声明、XML 的处理指令及架构声明。其中 version="1.0" 指出版本，而 encoding="utf-8" 则给出语言信息。

XML 是基于互联网的文本传输和应用，比其他的数据存储格式更适合于网络中的传输，它的文件格式小，浏览器对它的解析快，非常合适互联网中的各种应用。同时，

XML 数据格式支持网络中的信息检索,并能降低网络服务器的负担,对智能网络的发展起到了关键的作用。由于 XML 具有强大的自描述能力,因此它非常适合作为数据交换的媒介,为异构系统之间进行数据交换提供一种理想的实现途径。

(2)JSON。

JSON(JavaScript Object Notation)来源于 JavaScript,是新一代的网络数据传输格式。其中 JavaScript 是一种基于 Web 的脚本语言,主要用于在 HTML 页面中添加动作脚本。JSON 作为一种轻量级的数据交换技术,在跨平台的数据传输和交换中起到了关键的作用。

从技术上看,JSON 实际上是 JavaScript 的一个子集,所以 JSON 的数据格式和 JavaScript 是对应的。与 XML 格式相比,JSON 书写更简洁,在网络中传输速度也更快。

JSON 格式数据如下所示。

```
{"name":"Michael"}
{"name":"Andy", "age":30}
{"name":"Justin", "age":19}
```

1.3 网页的请求和响应

HTTP 由两部分组成:请求和响应。当人们在 Web 浏览器中输入一个 URL 时,浏览器将根据要求创建并发送请求,该请求包含所输入的 URL 以及一些与浏览器本身相关的信息。当服务器收到这个请求时将返回一个响应,该响应包括与该请求相关的信息以及位于指定 URL(如果有的话)的数据。

(1)Request(请求)。

每一个用户打开的网页都必须在最开始由用户向服务器发送访问的请求。一般来讲,一个 HTTP 请求报文由请求行(request line)、请求头部(headers)、空行(blank line)和请求数据(request body)4 个部分组成。

(2)Response(响应)。

服务器在接收到用户的请求后,会验证请求的有效性,然后向用户发送相应的内容。客户端接收到服务器的相应内容后,再将此内容展示出来,以供用户浏览。

1.3.1 网页请求的方式

网页请求的方式一般分为两种:GET 和 POST。

(1)GET。

GET 是最常见的请求方式,一般用于获取或者查询资源信息,也是大多数网站使用的方式。在浏览器中直接输入 URL 并按 Enter 键(或称"回车"键),这就发起了一个 GET 请求,请求的参数会直接包含在 URL 里,请求参数和对应的值附加在 URL 后面。

例如,在百度中搜索 Python,这就是一个 GET 请求,链接为:https://www.baidu.

com/s?wd=java，其中 URL 中包含了请求的参数信息，这里参数 wd 表示要搜寻的关键字。

（2）POST。

POST 允许客户端给服务器提供信息较多。POST 与 GET 相比，多了以表单形式上传参数的功能，因此除了查询信息外，还可以修改信息。

例如，对于一个登录表单，输入用户名和密码后，点击"登录"按钮，通常会发起一个 POST 请求，其数据通常以表单的形式传输，而不会体现在 URL 中。

因此，在书写爬虫程序前要弄清楚向谁发送请求，以及用什么方式发送请求。一般来说，在用户登录网站时，需要提交用户名和密码，其中包含了敏感信息，使用 GET 方式请求的话，密码就会暴露在 URL 里面，造成密码泄露，所以这里最好以 POST 方式发送。此外，在用户上传文件时，由于文件内容比较大，通常也会选用 POST 方式。

1.3.2　常见的网页请求头参数

（1）User-Agent。

User-Agent 表示浏览器名称，这个参数在网络爬虫中经常会被使用到。具体来讲，User-Agent 是一个特殊字符串头，被广泛用于标示浏览器客户端的信息，使得服务器能识别客户机使用的操作系统和版本、CPU 类型、浏览器及版本、浏览器的渲染引擎、浏览器语言等。请求一个网页的时候，服务器通过这个参数就可以知道这个请求是由哪种浏览器发送的。通过这个标识，用户所访问的网站可以显示不同的排版，为用户提供更好的体验或者进行信息统计。例如用手机和电脑分别访问谷歌网站，显示的页面排版是不一样的，这些是谷歌根据访问者的 User-Agent 来判断的。

有一些网站不喜欢被爬虫程序访问，所以会检测连接对象，如果是爬虫程序，就会拒绝继续访问。所以为了让程序可以正常运行，需要隐藏爬虫程序的身份，此时就可以通过设置 User-Agent 来达到隐藏爬虫身份的目的。

一些常见浏览器的 User-Agent 如下所示。

Safari 浏览器：User-Agent:Mozilla/5.0 (Macintosh; U; Intel Mac OS X 10_6_8; en-us) AppleWebKit/534.50 (KHTML, like Gecko) Version/5.1 Safari/534.50。

Firefox 浏览器：User-Agent:Mozilla/5.0 (Windows NT 6.1; rv:2.0.1) Gecko/20100101 Firefox/4.0.1。

Chrome 浏览器：User-Agent: Mozilla/5.0 (Macintosh; Intel Mac OS X 10_7_0) AppleWebKit/535.11 (KHTML, like Gecko) Chrome/17.0.963.56 Safari/535.11。

（2）Referer。

Referer 表明当前这个请求是从哪个 URL 过来的。Referer 也可以用来做反爬虫技术，如果不是从指定页面过来的，那么就不做相关的响应。

（3）Cookie。

HTTP 协议是无状态的。也就是说如果同一个人发送了两次请求，服务器没有能力知道这两个请求是否来自同一个人,因此这时候就用 Cookie 来做标识。一般如果想要做登录后才能访问的网站,就需要发送 Cookie 信息。

(4)Accept。

Accept 表示浏览器可接受的 MIME 类型。

(5)Connection。

Connection 表示是否需要持久连接。如果 Servlet 看到这里的值为"Keep-Alive",或者看到请求使用的是 HTTP 1.1(HTTP 1.1 默认进行持久连接),它就可以利用持久连接的优点,当页面包含多个元素时(例如 Applet,图片),会大量减少下载所需要的时间。

(6)Host。

Host 表示初始 URL 中的主机和端口。

(7)Accept-Encoding。

Accept-Encoding 表示客户端支持的压缩编码类型。

(8)Pragma。

Pragma 用来包含实现特定的指令。

(9)Cache-Control。

Cache-Control 指定请求和响应遵循的缓存机制。

(10)Content-Length。

Content-Length 表示请求消息正文的长度。

(11)X-Requested-With。

X-Requested-With 判断请求是传统的 HTTP 请求,还是 Ajax 请求。

1.3.3 常见的网页响应状态码

当收到 GET 或 POST 等方法发来的请求后,服务器就要对报文进行响应。在响应中,状态行(status line)通过提供一个状态码来说明所请求的资源情况。HTTP 状态码表示客户端 HTTP 请求的返回结果,标记服务器端的处理是否正常或者出现的错误,能够根据返回的状态码判断请求是否得到正确的处理很重要。

下面列出了最常用的状态码。

- 200:找到了该资源,并且一切正常。
- 204:表示客户端发送给客户端的请求得到了成功处理,但在返回的响应报文中不含实体的主体部分(没有资源可以返回)。
- 301:请求的网页已永久移动到新位置。服务器返回此响应(对 GET 或 HEAD 请求的响应)时,会自动将请求者转到新位置。
- 304:该资源在上次请求之后没有任何修改,这通常用于浏览器的缓存机制。
- 401:客户端无权访问该资源,这通常会使得浏览器要求用户输入用户名和密码,以登录到服务器。

- 403：客户端未能获得授权，这通常是在 401 之后输入了不正确的用户名或密码。
- 404：在指定的位置不存在所申请的资源，404 是最常见的请求错误码。
- 500：代表程序错误，也就是说请求的网页程序本身报错了，或者是在服务器端的网页程序出错。由于现在的浏览器都会对状态码 500 做一定的处理，所以在一般情况下会返回一个定制的错误页面。

在爬虫中，人们可以根据状态码来判断服务器响应状态，如状态码为 200，则证明成功返回数据，再进行进一步处理，否则直接忽略。

此外，在状态行之后是一些首部。通常，服务器会返回一个名为 Data 的首部，来说明响应生成的日期和时间（服务器通常还会返回一些关于其自身的信息，尽管并非是必需的）。

例如，打开新浪网，网址如下：https://www.sina.com.cn/，并按 F12 打开调试器，选中 Network 即可查看该网页的请求和响应代码，如图 1-9 所示。

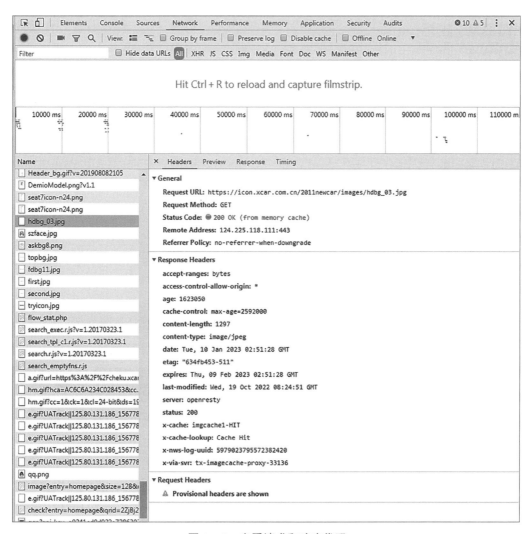

图 1-9　查看请求和响应代码

选中 qq.png 元素，在 General 中查看请求的 URL、请求的方法以及响应状态码，如图 1 - 10 所示。

```
▼General
    Request URL: https://i.sso.sina.com.cn/images/login/qq.png
    Request Method: GET
    Status Code: ● 200 OK
    Remote Address: 119.84.37.115:443
    Referrer Policy: unsafe-url
```

图 1 - 10　General 部分

Response Headers 服务器端的响应部分如图 1 - 11 所示。

```
▼Response Headers
    accept-ranges: bytes
    age: 60
    ali-swift-global-savetime: 1675224335
    cache-control: max-age=120
    content-length: 1851
    content-type: image/png
    date: Wed, 01 Feb 2023 04:05:35 GMT
    eagleid: 7754249816752243955303143e
    edge-copy-time: 1671791157658
    etag: "63a5821f-73b"
    expires: Wed, 01 Feb 2023 04:07:35 GMT
    last-modified: Fri, 23 Dec 2022 10:25:35 GMT
    ruri: /images/login/qq.png
    server: Tengine
    status: 200
    timing-allow-origin: *
    via: http/1.1 ctc.guangzhou.union.188 (ApacheTrafficServer/6.2.1 [cRs f ]), cache55.l2cn3044[0,0,304-0,H], cache40.l2cn3044[1,0], cache40.l2cn3044[1,0], vcache17.cn529[0,0,200-0,H], vcache4.cn529
    [2,0]
    x-cache: HIT TCP_MEM_HIT dirn:10:1526924293
    x-swift-cachetime: 119
    x-swift-savetime: Wed, 01 Feb 2023 04:05:36 GMT
    x-via-cdn: f=alicdn,s=vcache4.cn529,c=125.80.130.217;f=edge,s=cnc.guangzhou.union.55.nb.sinaedge.com,c=113.201.152.11;f=Edge,s=ctc.guangzhou.union.188,c=172.16.116.55
    x-via-edge: 16752243354430b98c971377410ac6d395336
    x-via-ssl: ssl.34.wbgl.shx.lb.sinanode.com
```

图 1 - 11　Response Headers 响应部分

Request Headers 请求部分如图 1 - 12 所示。

```
▼Request Headers
    :authority: i.sso.sina.com.cn
    :method: GET
    :path: /images/login/qq.png
    :scheme: https
    accept: image/webp,image/apng,image/*,*/*;q=0.8
    accept-encoding: gzip, deflate, br
    accept-language: zh-CN,zh;q=0.9
    cookie: SGUID=1567780189817_80169735; SINAGLOBAL=125.80.131.186_1567780190.209179; U_TRS1=00000036.663f8ad6.5e2efb64.0984c7d9; FSINAGLOBAL=125.80.131.186_1567780190.209179; _ga=GA1.3.2130319209.159046
    4932; SCF=AsoEyD_eiNzDa0VyqZt17rbst503U053yB3ImF16GH9BmjHgWHCiYMTZF0taYs32H61EpWv7MJqfcqp5R7OtWq0.; vjuids=777f3015e.174f68ffc7b.0.3af3dc316b1c; __gpi=UID=0000049cba9b4559:T=1649379121:RT=1653918011:
    S=ALNI_MaX6w8NyrrHdNj46UybJoWt7zMDYA; UOR=,,; __bid_n=183992b5731a945bcb4207; vjlast=1668134494; SUB=_2AkMU2fogf8NxqwJRmfsSzGniao10zw3EieKihQv7JRMyHR1-yD9kqm8ZtRB6P1nUzwssd2F-u2i6jtHo7x5PNPlw6BP2; SU
    BP=0033WrSXqPxfM72-Ws9jqgMF55529P9D9WF2VsbXIF37Ar7G4rBQN5OW; FEID=v10-dde8a666160288313679fc48fba090b45966379d; Qs_lvt_335601=1646151551%2C1652704819%2C1660563831%2C1664594201%2C1672313081; Qs_pv_335
    601=1745270774644546300%2C1480409341443510000%2C3421753456187604000%2C8377891730572673000%2C852974126561968400; __xaf_thstime__=1672924770754; __xaf_fpstarttimer__=1672924771691; __xaf_fptokentimer__=16
    72924773875; Apache=125.80.130.217_1674827093.924023; ULV=1674827130224:596:8:2:125.80.130.217_1674827093.924023:1674827089874; Hm_lvt_b82ffdf7cbc70caaacee097b04128ac1=1672924768,1673662541,167385328
    1,1674827211; Hm_lpvt_b82ffdf7cbc70caaacee097b04128ac1=1674993639; FPTOKEN=DeQXKQlqbJF5ptR1m5a2PZsImctlOj422MZTJXxl2fdUiwnwPAnqGa7A++jiFMR4H6jpmV+SFTcysphIlnlE5DiLIBxtxUFvq9SJhKQAwKJpg6Esf/9OZEhNzHe3
    tckeYuRHRJa/CkpDQVy23hSL0tp9Yj/ewI+IYm5JlWz71E+8MGMZyKyhxjUYYlLa26JwdqKgewHqav4pBb10Kzt84jXzuj93Df8Y/4I1W21Bt8Uv9ttD7ypAgkqAvXOnfM1RpO/vGeXIZI7qBE7Pr3zl5YbbHFfynpwBb7U6j6VG5EUOgGLqnR9+1PYifLNGs4YzmX3
    bcdzmbZjlKc5w4khcqth5TBVCF7B50f2xZGMd8hAgBtyFVA8X4JGAQ+kTqzhDuVu8bZPirfZ8XDqPbAGXjQ==|UMxKJJHBr/WlpDBe1Gs7vSmMQtE5ispd7p6IU+/7dyQ=|10|5d6574545283777842392 0c525137f20
    referer: https://www.sina.com.cn/
    user-agent: Mozilla/5.0 (Windows NT 6.1; WOW64) AppleWebKit/537.36 (KHTML, like Gecko) Chrome/72.0.3626.81 Safari/537.36 SE 2.X MetaSr 1.0
```

图 1 - 12　Request Headers 请求部分

［例 1 - 2］　获取一个 POST 请求。

（1）输入网址 http://httpbin.org/，这是一个专门用来测试的网站，当用户以 POST 方式向这个网站的服务器发送请求时，它会返回响应的特定信息，网站如图 1 - 13 所示。

（2）选中“HTTP Methods”选项，进入到对应的页面中，如图 1 - 14 所示。

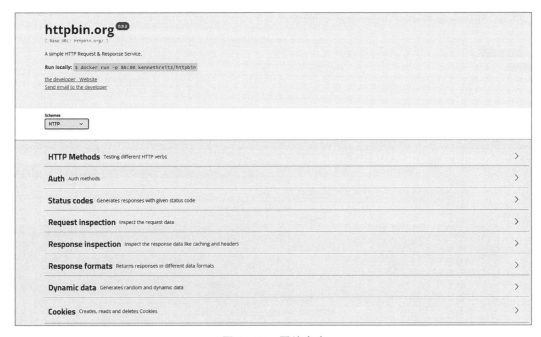

图 1-13 网站内容

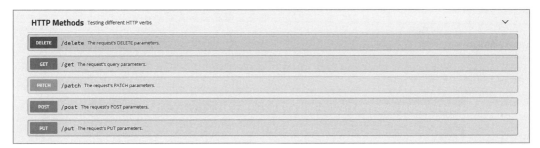

图 1-14 选择"HTTP Methods"

（3）在此页面中选择"POST"，并在 Parameters 中单击"Try it out"，如图 1-15 所示。

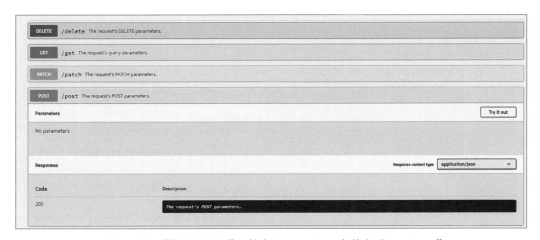

图 1-15 选择"POST"，并在 Parameters 中单击"Try it out"

（4）在此页面中单击"Execute"，查看对应的 POST 请求的相关信息，如图 1-16 所示。

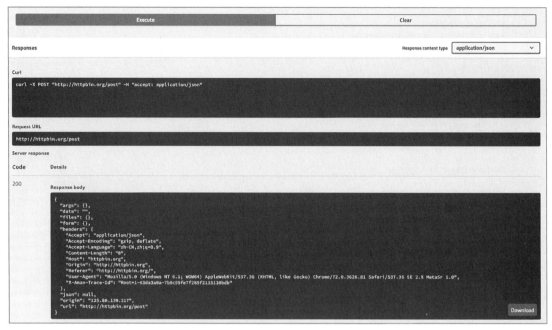

图 1-16　查看对应的 POST 请求的相关信息

具体显示如下：

```
{
    "args": {},
    "data": "",
    "files": {},
    "form": {},
    "headers": {
      "Accept": "application/json",
      "Accept-Encoding": "gzip, deflate",
      "Accept-Language": "zh-CN,zh;q=0.9",
      "Content-Length": "0",
      "Host": "httpbin.org",
      "Origin": "http://httpbin.org",
      "Referer": "http://httpbin.org/",
      "User-Agent": "Mozilla/5.0 (Windows NT 6.1; WOW64) AppleWebKit/537.36 (KHTML, like Gecko) Chrome/72.0.3626.81 Safari/537.36 SE 2.X MetaSr 1.0",
      "X-Amzn-Trace-Id": "Root=1-63da3a0a-7b0c59fe7f285f2115130bdb"
    },
    "json": null,
    "origin": "125.80.130.217",
    "url": "http://httpbin.org/post"
}
```

1.4 Python 的安装与使用

1.4.1 Python 的安装与运行

Python 是一种计算机程序设计语言，是一种面向对象的动态类型语言。Python 最早是由 Guido van Rossum 在 20 世纪 80 年代末 90 年代初，在荷兰国家数学和计算机科学研究所设计出来的，目前由一个核心开发团队在维护。

Python 是完全面向对象的语言。函数、模块、数字、字符串都是对象，并且完全支持继承、重载、派生、多继承，有益于增强源代码的复用性。

Python 语言具有如下特点：
- 开源、免费、功能强大；
- 语法简洁清晰，强制用空白符（white space）作为语句缩进；
- 具有丰富和强大的库；
- 易读，易维护，用途广泛；
- 解释性语言，其变量类型可改变，类似于 JavaScript 语言。

Windows 中 Python 下载与安装的具体步骤如下。

1. 登录官网

用户可直接登录 Python 官网 https://www.python.org/（如图 1-17 所示）中直接下载 Python 的安装程序包，本书以 Windows 操作系统为例，讲述在 Windows 系统 64 位下安装并运行 Python（请下载"Windows x86-64 executable installer"版本）。

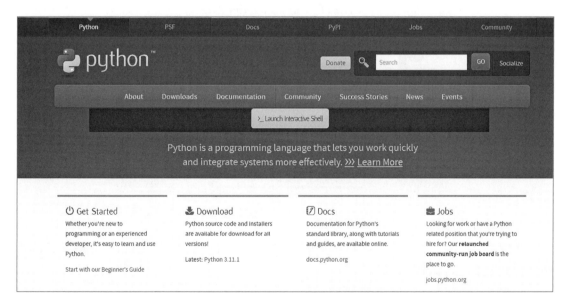

图 1-17　Python 官网

2. 下载并安装程序包

目前 Python 的主流版本为 Python 3，读者可自行下载 Python 3.7、Python 3.8 或其他较新版本。本书搭建的 Python 开发环境为 Python 3.7。

步骤 1：下载 Python 3.7 安装程序包后直接安装，安装界面首页如图 1-18 所示。

图 1-18　Python 3.7 安装界面首页 1

步骤 2：勾选"Add Python 3.7 to PATH"添加路径，在安装界面点击"Customize installation"自定义安装，安装界面如图 1-19 所示。

图 1-19　Python 3.7 安装界面 2

步骤 3：选择一个自己存放 Python 程序的安装路径，点击"Install"开始安装，安装界面如图 1-20 所示。

步骤 4：等待 Python 进度条加载完毕，安装界面如图 1-21 所示。

步骤 5：安装完毕，点击"Close"关闭安装界面，界面如图 1-22 所示。

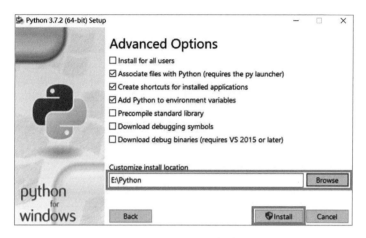

图 1-20　Python 3.7 安装界面 3

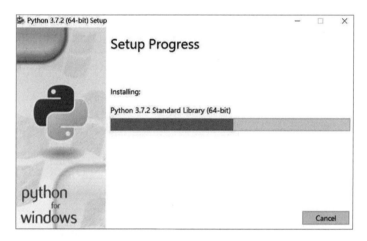

图 1-21　Python 3.7 安装界面 4

图 1-22　Python 3.7 安装成功界面

3. 运行 Python

步骤 1：启动 Python 3.7，在程序编译环境中输入程序：

`print("Hi, My First Python Application! ")`

步骤 2：按回车键，就可以看到运行结果，如图 1－23 所示。

图 1－23　Python 3.7 运行程序效果图

此外，读者也可以在 Windows 中的 cmd 命令提示符中输入 Python，进入程序运行界面，并在 >>> 后输入内容 print("hi,all")，也可直接显示运行结果，如图 1－24 所示。

图 1－24　在命令提示符中运行 Python

1.4.2　Python 基础语法与实例

Python 的语句很特别，它没有像其他很多语言那样把要执行的语句用成对的 {} 大括号包起来，而是把语句向右边缩进了，这就是 Python 的风格，它是靠缩进语句来表示要执行的语句。在 Python 的编译环境中会自动把要缩进的语句进行缩进，用户也可以按 Tab 键或者空格键进行缩进，下面语句为典型的 Python 程序书写风格。

```
if s>=0:
    s=math.sqrt(s)
print("平方根是：", s)
```

```
else:
    print(" 负数不能开平方 ")
```

Python 程序设计实例如下。

(1) input 输入。

```
name=input("please enter your name:")
print("hello,"+name+"！")
```

运行结果如下:

```
please enter your name:owen
hello,owen！
```

(2) for 循环。

```
sum=1
for num in range(1,4):
    sum+=num
print(sum)
```

运行结果为：7

(3) while 循环。

```
n=1
while n<=100:
    print(' 当前数字是 :',n)
    n+=1
```

运行结果如下：

```
当前数字是 : 1
当前数字是 : 2
当前数字是 : 3
当前数字是 : 4
当前数字是 : 5
……
当前数字是 : 97
当前数字是 : 98
当前数字是 : 99
当前数字是 : 100
```

(4) if 判断。

```
age=input("please enter your age:")
```

```
age=int(age)
if age>=18:
    print("you are old enough to vote")
else:
    print("sorry,you are too young to vote")
```

运行结果如下:

```
please enter your age:32
you are old enough to vote
```

或是

```
please enter your age:14
sorry,you are too young to vote
```

(5)异常语句。

```
import math
n=input("enter:")
try:
    n=float(n)
    print(math.sqrt(n))
    print("done")
except Exception as err:
    print(err)
print("end")
```

运行结果如下:

```
    enter:9
3.0
done
end
```

如输入的值非法,则会给出异常反馈。

```
enter:a
could not convert string to float: 'a'
end
```

(6)定义函数。

```
def max(a,b):
    c=a
```

```
        if b>a:
            c=b
        return c
a=input("a=")
b=input("b=")
c=input("c=")
a=int(a)
b=int(b)
c=int(c)
d=max(a,b)
e=max(d,c)
print("max=",e)
```

Python 通过关键字 def 来定义函数，该程序通过自定义函数来找出三个数（a,b,c）中的最大值，运行结果如下：

```
a=4
b=5
c=8
max=8
```

或是：

```
a=7
b=3
c=1
max=7
```

（7）字符串。

```
s=input("输入一个字符串:")
def x():
    count=0
    for i in range(len(s)):
        if s[i]>="a" and s[i]<="z":
            count=count+1
    print("小写个数=",count)
def y():
    count=0
    for i in range(len(s)):
        if s[i]>="0" and s[i]<="9":
            count=count+1
    print("数字个数t=",count)
```

```
def z():
    count=0
    for i in range(len(s)):
        if s[i]>="A" and s[i]<="Z":
            count=count+1
    print(" 大写个数 =",count)
x()
y()
z()
```

该程序可由用户输入一个字符串来判断该字符串中的小写、大写以及数字个数，运行结果如下：

输入一个字符串:welcome
小写个数 =7
数字个数 t=0
大写个数 =0

或是：

输入一个字符串:wel123COME
小写个数 =3
数字个数 t=3
大写个数 =4

（8）列表。

```
    s=["go","we","come","done"]
w=input(" 输入一个单词:")
for i in s:
    if w==i:
        print(' 存在这个单词 ')
        break
    else:
        print(' 不存在这个单词 ')
```

首先定义一个列表，接着由用户自行输入一个单词，并判断该单词是否在列表中，运行如下：

输入一个单词:all
不存在这个单词
不存在这个单词
不存在这个单词
不存在这个单词

```
>>>
================== RESTART: C:/Users/xxx/Desktop/1.py ==================
输入一个单词:go
存在这个单词
```

（9）字典。

```
scores={'语文':89,'数学':92}
print(scores)
```

创建一个字典并输出结果，运行如下：

```
{'语文': 89, '数学': 92}
```

（10）元组。

```
week=("星期日","星期一","星期二","星期三","星期四","星期五","星期六")
print(week)
w=input ("enter a number:")
w=int(w)
if w>=0 and w<=6:
    print(week[w])
else:
    print("有误")
```

首先创建一个元组，并判断一个输入的数字是星期几，运行如下：

```
('星期日', '星期一', '星期二', '星期三', '星期四', '星期五', '星期六')
enter a number:1
星期一
```

（11）类。

```
class animal:
def eat(self):
    print("吃")
def drink(self):
    print("喝")
class dog(animal):
    def bark(self):
        print("汪汪叫")
gou = dog()
gou.eat()
gou.drink()
gou.bark()
```

首先创建类 animal，并定义方法 eat 和 drink，接着创建类 dog，该类继承类 animal，并拥有自己的方法 bark，运行如下：

吃
喝
汪汪叫

［例 1-3］ 猜数字游戏。
代码如下：

```
import random
n=random.randint(1,100)
while True:
    num_input=int(input("请输入一个数字，在1和100之间："))
    if n==int(num_input):
        print("猜对了")
        break
    elif n>int(num_input):
        print("猜小了")
    elif n<int(num_input):
        print("猜大了")
```

该例设计了一个猜数字游戏，首先由系统生成一个随机数，在 1～100 之间。接着用户从键盘中输入一个数字，如果输入的数字等于系统生成的随机数，则游戏结束；否则一直进行。该例运行如下所示：

请输入一个数字，在 1 和 100 之间：50
猜小了
请输入一个数字，在 1 和 100 之间：60
猜小了
请输入一个数字，在 1 和 100 之间：70
猜小了
请输入一个数字，在 1 和 100 之间：80
猜大了
请输入一个数字，在 1 和 100 之间：75
猜小了
请输入一个数字，在 1 和 100 之间：76
猜小了
请输入一个数字，在 1 和 100 之间：77
猜小了
请输入一个数字，在 1 和 100 之间：78
猜小了

请输入一个数字，在 1 和 100 之间：79
猜对了

本次程序生成的随机数字为 79。

1.5 项目小结

本项目首先介绍了网络爬虫的概念和特点，然后介绍了网络爬虫的基础知识，最后介绍了网络爬虫开发工具 Python 的特点，以及下载、安装和入门程序的编写知识。

通过本项目的学习，读者能够对网络爬虫以及其相关特性有一个概念上的认识，重点需要读者掌握的是网络爬虫的请求和响应的概念，以及如何下载安装 Python 并使用 Python 开发应用程序。

1.6 实训

本实训主要介绍爬虫基础以及如何使用 Python 进行基本的编程设计。

（1）书写 HTML5 网页，并用 post 方法实现表单，代码如下：

```
<!DOCTYPE html>
<h1> 注册 </h1>
 <form action="1.第一个网页.html" method="post">
     <p> 名字:<input type="text" name = "username" placeholder=" 请输入姓名 " required /></p>
     <p> 密码:<input type="password" name="password" /></p>
     <p>
         <input type="submit" /><!-- 提交 -->
         <input type="reset" /><!-- 重置 -->
         </p>
 </form>
</html>
```

运行如图 1-25 所示。

（2）了解网页结构。

打开一个网页（https://www.sohu.com），如图 1-26 所示。在此网页界面中单击鼠标右键，从弹出的快捷菜单中选择"检查"，或按 F12 键打开调试器，即可查看到该网页结构的相应代码，如图 1-27、图 1-28 所示。

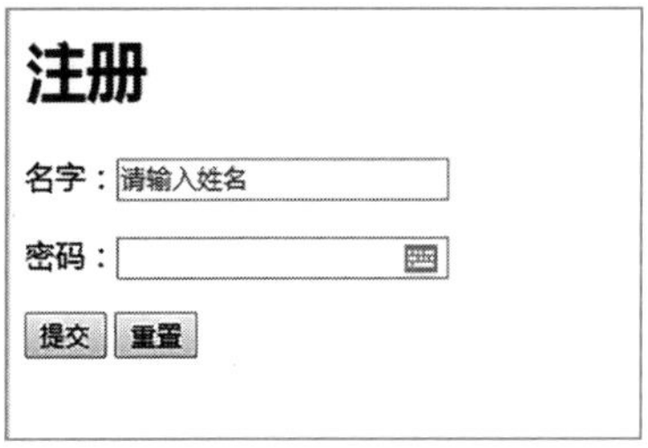

图 1-25 运行结果

图1-26 打开网页

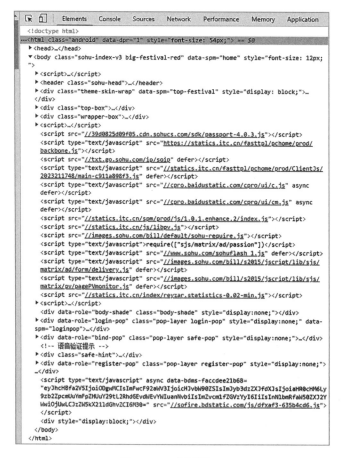

图1-27 网页代码

图1-27部分为HTML文件，图1-28部分为CSS样式，用<script></script>标签的就是JavaScript代码。用户浏览的网页就是浏览器渲染后的结果，浏览器就像翻译官，

把 HTML、CSS 和 JavaScript 进行翻译，得到用户使用的网页界面。

在网页代码中用鼠标单击选中某个标记，如图 1-29 所示，则可以显示对应的网页效果。

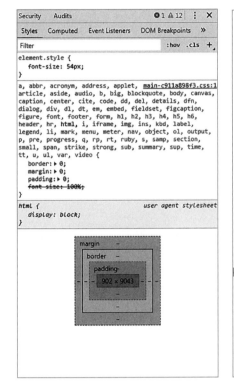

图 1-28　CSS 样式表　　　　　　图 1-29　选中标记

（3）使用字符串 split 来对数据进行分离，代码如下：

```
def info():
    s="01? 作者 1"
    data={
        'rank':s.split('?')[0],
        'authon':s.split('?')[1]

        }
    print(data)
info()
```

运行结果如下：

```
{'rank': '01', 'authon': ' 作者 1'}
```

（4）统计输入字符串中 0 的个数，代码如下：

```
s=input("输入一个字符串:")
def x():
    count=0
    for i in range(len(s)):
        if s[i]=="0":
            count=count+1
    print("count=",count)
x()
```

运行结果如下：

```
输入一个字符串:abc05010018
count= 4
```

（5）输入一个值，并计算其正弦值，代码如下：

```
import math
r=input("输入一个数:")
r=float(r)
print(math.sin(math.radians(r)))
```

运行结果如下：

```
输入一个数:5
0.08715574274765817
```

1.7 习题

一、简答题

1. 简述网络爬虫的运行机制。
2. 简述网络爬虫的请求与响应的基本原理。
3. 简述如何安装与运行 Python。

二、编程题

使用 Python 编写一个 Hello World 程序，并打印输出结果。

项目 2　Python 爬虫

教学目标

知识目标

- 理解与应用 Python 中的扩展库。
- 理解 urllib 的原理与实现。
- 理解 requests 的原理与实现。
- 理解正则表达式的原理与实现。
- 理解 BeautifulSoup 的原理与实现。
- 理解 Xpath 的原理与实现。
- 理解 PyQuery 的原理与实现。
- 理解基础爬虫框架的原理。

能力目标

- 会安装 Python 中的扩展库。
- 初步掌握 urllib 的代码书写规则。
- 初步掌握 requests 的代码书写规则。
- 初步掌握正则表达式的代码书写规则。
- 初步掌握 BeautifulSoup 的代码书写规则。
- 初步掌握 Xpath 的代码书写规则。
- 初步掌握 PyQuery 的代码书写规则。
- 初步掌握基础爬虫框架的模块。

> 素养目标

- 培养学生的爱国、爱岗、敬业、奉献意识。
- 培养学生一切从实际出发的实事求是的工作态度,形成职业责任感。
- 引导学生认识到做好数据分析对节约资产、减少浪费、发展经济的意义。

2.1 urllib 库

Python urllib 库用于操作网页 URL,并对网页的内容进行抓取处理。urllib 是 URL 和 lib 两个单词共同构成的,URL 就是网页的地址,lib 是 library(库)的缩写。

严格来讲,urllib 并不是一个模块,它其实是一个包(package),里面总共有四个模块。因此它包含了对服务器请求的发出、跳转、代理和安全等各个方面的内容。

- urllib.request:请求模块。
- urllib.error:异常处理模块。
- urllib.parse:解析模块。
- urllib.robotparser:robot.txt 文件解析模块,在网络爬虫中基本不会用到,使用较少。

2.1.1 request 模块

urllib 的 request 模块提供了最基本的构造 HTTP 请求的方法,使用它可以方便地实现请求的发送并得到响应,同时它还带有处理授权验证(authentication)、重定向(redirection)、浏览器 Cookies 以及其他内容。

(1)urlopen()。

使用 urlopen() 函数可以发送一个请求,urlopen() 函数的完整参数列表如下:

urllib.request.urlopen(url,data=None,[timeout,]*,cafile=None,capath=None,cadefault=False,context=None)

主要参数说明如下。

- url:要访问的网页的地址。
- data:向服务器提交信息时传递的字典形式的信息,通常来说就是爬取需要登录的网址时传入的用户名和密码,可省略。
- timeout:设置网站访问超时时间。
- context:必须是 ssl.SSLContext 类型,用来指定 SSL 设置。

[例 2-1] 使用 urlopen() 爬取网页代码。

代码如下:

```
import urllib.request
```

```
response = urllib.request.urlopen("https://www.baidu.com")   # 发出请求并返回响应
print(response.read())                                        # 打印响应返回的内容
```

该例使用read()读取整个网页内容，运行结果如下所示。

```
b'<html>\r\n<head>\r\n\t<script>\r\n\t\tlocation.replace(location.href.
replace("https://","http://"));\r\n\t</script>\r\n</head>\r\n<body>\r\n\t<noscript>
<meta http-equiv="refresh" content="0;url=http://www.baidu.com/"></noscript>\
r\n</body>\r\n</html>'
```

[例2-2] 使用urlopen()爬取网页代码，并指定读取的长度。

代码如下：

```
import urllib.request
myURL = urllib.request.urlopen("https://www.baidu.com/")
print(myURL.read(100))
```

该例使用read(100)读取部分网页内容，运行结果如下所示。

```
b'<html>\r\n<head>\r\n\t<script>\r\n\t\tlocation.replace(location.href.
replace("https://","http://"));\r\n\t</scri'
```

[例2-3] 使用urlopen()爬取网页代码，并读取一行内容。

代码如下：

```
import urllib.request
myURL = urllib.request.urlopen("https://www.baidu.com/")
print(myURL.readline())
```

该例使用readline()读取一行网页内容，运行结果如下所示。

```
b'<html>\r\n'
```

[例2-4] 使用urlopen()获取网页信息。

代码如下：

```
import urllib.request
# 发出请求并得到响应
response = urllib.request.urlopen("https://www.baidu.com")
# 查看响应的类型
print(type(response))
# 打印响应状态码
print(response.status)
# 打印请求头
print(response.getheaders())
# 打印请求头中Server属性的值（表示服务端使用Web服务器是什么软件，如Tomcat、Nginx等）
```

```
print(response.getheader("Server"))
```

urlopen()函数返回的是一个HTTPResponse对象，它包含了read()、readinto()、getheader(name)、getheaders()、fileno()等方法，以及msg、version、status、reason、debuglevel、closed等属性。

该例运行结果如下所示。

```
<class 'http.client.HTTPResponse'>
200
[('Accept-Ranges', 'bytes'), ('Cache-Control', 'no-cache'), ('Content-
Length', '227'), ('Content-Type', 'text/html'), ('Date', 'Fri, 03 Feb 2023
01:26:02 GMT'), ('P3p', 'CP=" OTI DSP COR IVA OUR IND COM "'), ('P3p',
'CP=" OTI DSP COR IVA OUR IND COM "'), ('Pragma', 'no-cache'), ('Server',
'BWS/1.1'), ('Set-Cookie', 'BD_NOT_HTTPS=1; path=/; Max-Age=300'), ('Set-
Cookie', 'BIDUPSID=4D1460149B075BB7790DB7083F8D096B; expires=Thu, 31-Dec-
37 23:55:55 GMT; max-age=2147483647; path=/; domain=.baidu.com'), ('Set-
Cookie', 'PSTM=1675387562; expires=Thu, 31-Dec-37 23:55:55 GMT; max-
age=2147483647; path=/; domain=.baidu.com'), ('Set-Cookie', 'BAIDUID=4D146
0149B075BB7B2F96CF2F3922BDC:FG=1; max-age=31536000; expires=Sat, 03-Feb-24
01:26:02 GMT; domain=.baidu.com; path=/; version=1; comment=bd'), ('Strict-
Transport-Security', 'max-age=0'), ('Traceid', '1675387562032194202611882
401206232796383'), ('X-Frame-Options', 'sameorigin'), ('X-Ua-Compatible',
'IE=Edge,chrome=1'), ('Connection', 'close')]
BWS/1.1
```

值得注意的是：BWS/1.1字段表示服务器的系统版本，其中BWS为百度自有服务器（Baidu Web Server）。

［例2-5］ 使用urlopen()设置超时参数。

代码如下：

```
import urllib.request
response = urllib.request.urlopen("https://www.baidu.com",timeout=1)
print(response.read().decode("utf-8"))
```

timeout参数可以设置超时时间，单位为秒，意思就是如果请求超出了设置的这个时间还没有得到响应，就会抛出异常，如果不指定，就会使用全局默认时间。它支持HTTP、HTTPS、FTP请求。

而语句decode("utf-8")可以避免乱码问题发生。

该例输出结果如下所示。

```
<html>
<head>
```

```
        <script>
            location.replace(location.href.replace("https://","http://"));
        </script>
    </head>
    <body>
        <noscript><meta http-equiv="refresh" content="0;url=http://www.baidu.com/"></noscript>
    </body>
</html>
```

[例2-6] 使用urlopen()爬取百度网页，并输出页面内容。

代码如下：

```
import urllib.request
response = urllib.request.urlopen("http://www.baidu.com")
html=response.read()
html=html.decode("utf-8")
print(html)
```

该例输出结果如下所示。

```
<!DOCTYPE html><!--STATUS OK--><html><head><meta http-equiv="Content-Type" content="text/html;charset=utf-8"><meta http-equiv="X-UA-Compatible" content="IE=edge,chrome=1"><meta content="always" name="referrer"><meta name="theme-color" content="#ffffff"><meta name="description" content="全球领先的中文搜索引擎、致力于让网民更便捷地获取信息，找到所求。百度超过千亿的中文网页数据库，可以瞬间找到相关的搜索结果。"><link rel="shortcut icon" href="/favicon.ico" type="image/x-icon" /><link rel="search" type="application/opensearchdescription+xml" href="/content-search.xml" title="百度搜索" /><link rel="icon" sizes="any" mask href="//www.baidu.com/img/baidu_85beaf5496f291521eb75ba38eacbd87.svg"><link rel="dns-prefetch" href="//dss0.bdstatic.com"/><link rel="dns-prefetch" href="//dss1.bdstatic.com"/><link rel="dns-prefetch" href="//ss1.bdstatic.com"/><link rel="dns-prefetch" href="//sp0.baidu.com"/><link rel="dns-prefetch" href="//sp1.baidu.com"/><link rel="dns-prefetch" href="//sp2.baidu.com"/><link rel="apple-touch-icon-precomposed" href="https://psstatic.cdn.bcebos.com/video/wiseindex/aa6eef91f8b5b1a33b454c401_1660835115000.png"><title>百度一下，你就知道</title>...
```

[例2-7] 使用urlopen()爬取网页，并保存到本地。

代码如下：

```
from urllib import request
file = request.urlopen("http://sohu.com/")
data = file.read()      # 读取全部内容
doc = open("E:/test/2022.html","wb")
```

```
doc.write(data)
doc.close()
```

该例通过 open() 函数以 wb（二进制写入）的方式打开文件，接着用 write() 方法将爬取的数据 data 写入打开的文件中，执行完该程序后可在保存的目录中找到文件 2022.html，如图 2-1 所示。

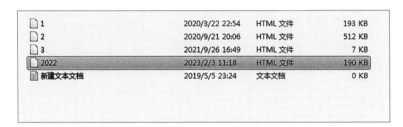

图 2-1　保存数据并写入本地文件

（2）Request()。

urlopen() 方法可以实现最基本的请求的发起，但如果要加入 Headers 等信息，就可以利用 Request 对象来构造请求。

Request() 对象的参数如下。

```
urllib.request.Request(url,data=None,headers={},origin_req_host=None,
unverifiable=False, method=None)
```

主要参数说明如下。
- url：要请求的 url。
- data：data 必须是 bytes（字节流）类型，如果是字典，可以用 urllib.parse 模块里的 urlencode() 编码。
- headers：headers 是一个字典类型，是请求头。可以在构造请求时通过 headers 参数直接构造，也可以通过调用请求实例的 add_header() 方法添加。可以通过请求头伪装浏览器，默认 User-Agent 是 Python-urllib。
- origin_req_host：请求方的 host 名称或者 IP 地址。
- unverifiable：指请求无法验证，默认为 False。用户并没有足够的权限来选择接收这个请求结果，例如请求一个 HTML 文档中的图片，但没有自动抓取图像的权限，这时 unverifiable 为 True。
- method：指定请求使用的方法，例如 GET、POST、PUT 等。

［例 2-8］　使用 Request() 获取网页信息。

代码如下：

```
import urllib.request
request = urllib.request.Request("https://www.baidu.com")
```

```
response = urllib.request.urlopen(request)
html = response.read()
print(html)
```

Request() 依旧是使用 urlopen() 方法发送请求，只不过该方法这次的参数不再是 URL，而是一个 Request 类型的对象。

该例运行结果如下所示。

```
b'<html>\r\n<head>\r\n\t<script>\r\n\t\tlocation.replace(location.href.replace("https://","http://"));\r\n\t</script>\r\n</head>\r\n<body>\r\n\t<noscript><meta http-equiv="refresh" content="0;url=http://www.baidu.com/"></noscript>\r\n</body>\r\n</html>'
```

［例 2-9］ 使用 Request() 并加上 header 信息。

代码如下：

```
import urllib.request
header={"User-Agent": "Mozilla/5.0 (Windows NT 6.1; WOW64) AppleWebKit/537.36 (KHTML, like Gecko) Chrome/66.0.3359.139 Safari/537.36"
}
request=urllib.request.Request("https://www.baidu.com")
response=urllib.request.urlopen(request)
html = response.read()
print(html)
```

该例运行结果如下所示。

```
b'<html>\r\n<head>\r\n\t<script>\r\n\t\tlocation.replace(location.href.replace("https://","http://"));\r\n\t</script>\r\n</head>\r\n<body>\r\n\t<noscript><meta http-equiv="refresh" content="0;url=http://www.baidu.com/"></noscript>\r\n</body>\r\n</html>'
```

2.1.2　error 模块

urllib.error 可以接收有 urllib.request 产生的异常。urllib.error 有两个方法，URLError 和 HTTPError。

URLError 是 OSError 的一个子类，HTTPError 是 URLError 的一个子类，服务器上 HTTP 的响应会返回一个状态码，根据这个 HTTP 状态码，我们可以知道访问是否成功。

HTTPError 是 URLError 的一个子类，用于处理特殊 HTTP 错误。例如，作为认证请求的时候，包含的属性 code 为 HTTP 的状态码，reason 为引发异常的原因，headers 为导致 HTTPError 的特定 HTTP 请求的 HTTP 响应头。

URLError 封装的错误信息一般是由网络引起的，包括 URL 错误，而 HTTPError 封装的错误信息一般是服务器返回了错误状态码。

[例2-10] URLError。

代码如下:

```python
from urllib import request, error
# 一个不存在的网址链接
url = "http://www.nonepython.com"
req = request.Request(url)
try:
    response = request.urlopen(req)
    print('状态码:'+str(response.getcode()))
    html = response.read().decode('utf-8')
    print(html)
except error.URLError as e:
    print('错误:',e.reason)
```

该例运行结果如下所示。

错误: [Errno 11004] getaddrinfo failed

这表示获取地址信息失败。

如果访问的是一个存在的网页,则会有该网页的显示,代码与运行结果如下所示。

代码如下:

```python
from urllib import request, error
url = "http://www.baidu.com"
req = request.Request(url)
try:
    response = request.urlopen(req)
    print('状态码:'+str(response.getcode()))
    html = response.read().decode('utf-8')
    print(html)
except error.URLError as e:
    print('错误:',e.reason)
```

该例运行结果如下所示。

状态码: 200
<!DOCTYPE html><!--STATUS OK--><html><head><meta http-equiv="Content-Type" content="text/html;charset=utf-8"><meta http-equiv="X-UA-Compatible" content="IE=edge,chrome=1"><meta content="always" name="referrer"><meta name="theme-color" content="#ffffff"><meta name="description" content=" 全球领先的中文搜索引擎、致力于让网民更便捷地获取信息,找到所求。百度超过千亿的中文网页数据库,可以瞬间找到相关的搜索结

果。"><link rel="shortcut icon" href="/favicon.ico" type="image/x-icon" /><link rel="search" type="application/opensearchdescription+xml" href="/content-search.xml" title=" 百度搜索 " /><link rel="icon" sizes="any" mask href="//www.baidu.com/img/baidu_85beaf5496f291521eb75ba38eacbd87.svg"><link rel="dns-prefetch" href="//dss0.bdstatic.com"/><link rel="dns-prefetch" href="//dss1.bdstatic.com"/><link rel="dns-prefetch" href="//ss1.bdstatic.com"/><link rel="dns-prefetch" href="//sp0.baidu.com"/><link rel="dns-prefetch" href="//sp1.baidu.com"/><link rel="dns-prefetch" href="//sp2.baidu.com"/><link rel="apple-touch-icon-precomposed" href="https://psstatic.cdn.bcebos.com/video/wiseindex/aa6eef91f8b5b1a33b454c401_1660835115000.png"><title>百度一下，你就知道</title>

[例 2-11] HTTPError 异常。

代码如下：

```
from urllib import request
from urllib import error
if __name__ == "__main__":
    # 一个不存在的链接
    url = "http://www.baidu.com/001.html"
    req = request.Request(url)
    try:
        responese = request.urlopen(req)
        # html = responese.read()
    except error.HTTPError as e:
        print(e.code)
```

该例的运行结果为 404，这说明请求的资源没有在服务器上找到，www.baidu.com 这个服务器是存在的，但是我们要查找的 001.html 资源是没有的，所以抛出 404 异常。

2.1.3 parse 模块

parse 模块提供了很多解析和组建 URL 的函数。其中 urlparse() 函数可以将 URL 解析成 ParseResult 对象，实现 url 的识别和分段；而 urlencode() 与 unquote() 则可以用于编码和解码。

[例 2-12] urlparse 解析 URL。

代码如下：

```
from urllib.parse import urlparse
url='http://www.baidu.com'
parsed_result=urlparse(url)
print('parsed_result 的数据类型：', type(parsed_result))
print('parsed_result 包含了：',len(parsed_result),' 个元素 ')
```

```
print(parsed_result)
print('scheme   :', parsed_result.scheme)
print('netloc   :', parsed_result.netloc)
print('path     :', parsed_result.path)
print('params   :', parsed_result.params)
print('query    :', parsed_result.query)
print('fragment:', parsed_result.fragment)
print('hostname:', parsed_result.hostname)
```

该例运行结果如下所示。

```
parsed_result 的数据类型: <class 'urllib.parse.ParseResult'>
parsed_result 包含了: 6 个元素
ParseResult(scheme='http', netloc='www.baidu.com', path='', params='', query='', fragment='')
scheme   : http
netloc   : www.baidu.com
path     :
params   :
query    :
fragment:
hostname: www.baidu.com
```

ParseResult 对象包含了六个元素，分别为协议（scheme）、域名（netloc）、路径（path）、路径参数（params）、查询参数（query）以及片段（fragment）。

[例 2-13] urlencode 编码。

代码如下：

```
from urllib import parse
# 调用 parse 模块的 urlencode() 进行编码
query_string = {'wd':'大数据'}
result = parse.urlencode(query_string)
# format 函数格式化字符串，进行 url 拼接
url = 'http://www.baidu.com/s?{}'.format(result)
print(url)
```

该例实现了对 URL 地址的编码操作，运行结果如下所示。

```
http://www.baidu.com/s?wd=%E5%A4%A7%E6%95%B0%E6%8D%AE
```

单击该链接出现的网页内容如 2-2 所示。

图 2-2 编码打开的页面

［例 2-14］ quote 编码。

代码如下：

```
from urllib import parse
url = "http://www.baidu.com/s?wd={}"
words = input('请输入内容')
#quote()只能对字符串进行编码
query_string = parse.quote(words)
url = url.format(query_string)
print(url)
```

quote() 只能对字符串编码，而 urlencode() 可以对查询字符串进行编码。该例运行结果如下所示。

请输入内容：人工智能
http://www.baidu.com/s?wd=%E4%BA%BA%E5%B7%A5%E6%99%BA%E8%83%BD

当用户输入"人工智能"时，会出现编码后的网页。

［例 2-15］ unquote 解码。

代码如下：

```
from urllib import parse
```

```
string = '%E4%BA%BA%E5%B7%A5%E6%99%BA%E8%83%BD'
result = parse.unquote(string)
print(result)
```

该例运行结果为"人工智能",解码就是对编码后的 URL 进行还原。

2.2 requests 库

requests 是用 Python 语言编写,基于 urllib,采用 Apache2 Licensed 开源协议的 HTTP 库。它比 urllib 更加方便,可以节约开发者大量的工作,完全满足 HTTP 测试需求。Requests 实现了 HTTP 协议中绝大部分功能,它提供的功能包括 Keep-Alive、连接池、Cookie 持久化、内容自动解压、HTTP 代理、SSL 认证、连接超时、Session 等很多特性,更重要的是它同时兼容 Python 2 和 Python 3。

requests 库的安装十分简单,一般可在 Windows 命令行中输入: pip install requests 来完成下载安装。

在安装完成后,在 Python 环境中即可导入该模块,如果不报错则表示安装成功。导入模块命令如下:

```
import requests
```

(1)使用 GET 方式抓取网页数据。

[例 2-16] 使用 GET 基本方式爬取网页。

代码如下:

```
import requests
url = 'https://www.baidu.com/'
response = requests.get(url)
print(response.text)
```

该例运行如下所示。

```
<!DOCTYPE html>
<!--STATUS OK--><html> <head><meta http-equiv=content-type content=text/
html;charset=utf-8><meta http-equiv=X-UA-Compatible content=IE=Edge><meta
content=always name=referrer><link rel=stylesheet type=text/css href=https://ss1.
bdstatic.com/5eN1bjq8AAUYm2zgoY3K/r/www/cache/bdorz/baidu.min.css><title>ç™¾åº¦ä¸
ä¸‹ï¼Œä½ å°±çŸ¥é"</title></head> <body link=#0000cc> <div id=wrapper> <div
id=head> <div class=head_wrapper> <div class=s_form> <div class=s_form_wrapper>
<div id=lg> <img hidefocus=true src=//www.baidu.com/img/bd_logo1.png width=270
height=129> </div> <form id=form name=f action=//www.baidu.com/s class=fm> <input
type=hidden name=bdorz_come value=1> <input type=hidden name=ie value=utf-8>
```

```
<input type=hidden name=f value=8> <input type=hidden name=rsv_bp value=1> <input
type=hidden name=rsv_idx value=1> <input type=hidden name=tn value=baidu><span
class="bg s_ipt_wr"><input id=kw name=wd class=s_ipt value maxlength=255
autocomplete=off autofocus=autofocus></span><span class="bg s_btn_wr"><input
type=submit id=su value=ç™¾åº¦ä¸ä¸‹< class="bg s_btn" autofocus></span> </form> </
div> </div> <div id=u1> <a href=http://news.baidu.com name=tj_trnews class=mnav>æ–
° é—»</a> <a href=https://www.hao123.com name=tj_trhao123 class=mnav>hao123</a>
<a href=http://map.baidu.com name=tj_trmap class=mnav>åœ ° å›¾</a> <a href=http://
v.baidu.com name=tj_trvideo class=mnav>è§†é¢'</a> <a href=http://tieba.baidu.
com name=tj_trtieba class=mnav>è´´ §</a> <noscript> <a href=http://www.baidu.com/
bdorz/login.gif?login&amp;tpl=mn&amp;u=http%3A%2F%2Fwww.baidu.com%2f%3fbdorz_
come%3d1 name=tj_login class=lb>ç™»å½•</a> </noscript> <script>document.
write('<a href="http://www.baidu.com/bdorz/login.gif?login&tpl=mn&u='+
encodeURIComponent(window.location.href+ (window.location.search === "" ? "?" :
"&")+ "bdorz_come=1")+ '" name="tj_login" class="lb">ç™»å½•</a>');
                        </script> <a href=//www.baidu.com/more/ name=tj_briicon class=bri
style="display: block;">æ›´å¤šäº §å"</a> </div> </div> </div> <div id=ftCon> <div
id=ftConw> <p id=lh> <a href=http://home.baidu.com>å…³äº ç™¾åº¦</a> <a href=http://
ir.baidu.com>About Baidu</a> </p> <p id=cp>&copy;2017 Baidu <a href=http://
www.baidu.com/duty/>ä½¿ç" ç™¾åº¦å‰ å¿…è¯»</a>  <a href=http://jianyi.baidu.
com/ class=cp-feedback>æ„ è§ å é¦^</a> äº¬ ICPè¯ 030173å •  <img src=//www.
baidu.com/img/gs.gif> </p> </div> </div> </div> </body> </html>
```

[例 2-17] 使用 GET 参数方式爬取网页。

代码如下:

```
import requests
url = 'http://httpbin.org/get'
data = {
    'name':'messi',
    'age':'35'
}
response = requests.get(url,params=data)
print(response.url)
print(response.text)
```

如果想查询 http://httpbin.org/get 页面的具体参数，需要在 URL 里面加上往这个地址传送 data 里面的数据，该数据如下:

```
data = {
    'name':'messi',
    'age':'35'
}
```

该例运行结果如下所示:

```
http://httpbin.org/get?name=messi&age=35
{
  "args": {
    "age": "35",
    "name": "messi"
  },
  "headers": {
    "Accept": "*/*",
    "Accept-Encoding": "gzip, deflate",
    "Host": "httpbin.org",
    "User-Agent": "python-requests/2.19.1",
    "X-Amzn-Trace-Id": "Root=1-63dc8018-0f569aeb61d02d623c3de957"
  },
  "origin": "125.80.130.132",
  "url": "http://httpbin.org/get?name=messi&age=35"
}
```

具体页面如图 2-3 所示。

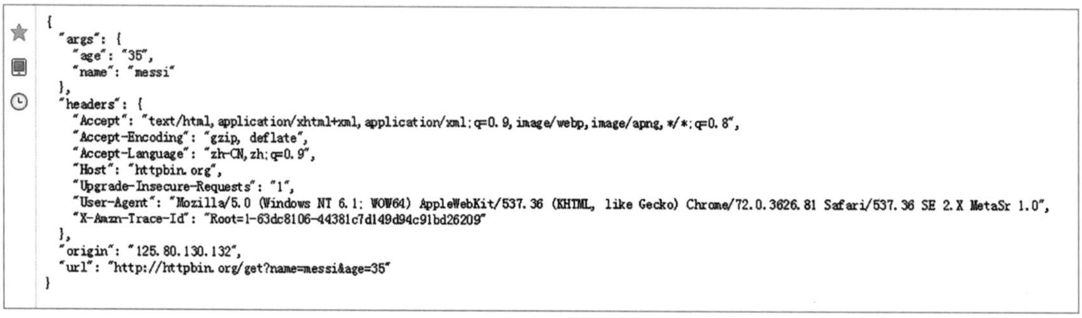

```
{
  "args": {
    "age": "35",
    "name": "messi"
  },
  "headers": {
    "Accept": "text/html,application/xhtml+xml,application/xml;q=0.9,image/webp,image/apng,*/*;q=0.8",
    "Accept-Encoding": "gzip, deflate",
    "Accept-Language": "zh-CN,zh;q=0.9",
    "Host": "httpbin.org",
    "Upgrade-Insecure-Requests": "1",
    "User-Agent": "Mozilla/5.0 (Windows NT 6.1; WOW64) AppleWebKit/537.36 (KHTML, like Gecko) Chrome/72.0.3626.81 Safari/537.36 SE 2.X MetaSr 1.0",
    "X-Amzn-Trace-Id": "Root=1-63dc8106-44381c7d149d94c91bd26209"
  },
  "origin": "125.80.130.132",
  "url": "http://httpbin.org/get?name=messi&age=35"
}
```

图 2-3 加入参数的页面

此外,也可以直接在 URL 中加入数据。
代码如下:

```
import requests
r=requests.get("http://httpbin.org/get?name=messi&age=35")
print(r.text)
```

运行如下所示。

```
{
  "args": {
    "age": "35",
```

```
      "name": "messi"
    },
    "headers": {
      "Accept": "*/*",
      "Accept-Encoding": "gzip, deflate",
      "Host": "httpbin.org",
      "User-Agent": "python-requests/2.19.1",
      "X-Amzn-Trace-Id": "Root=1-63dc824b-467e984110ac7eb8377d31aa"
    },
    "origin": "125.80.130.132",
    "url": "http://httpbin.org/get?name=messi&age=35"
}
```

[例 2-18] 使用 GET 方式获取相应的状态码。

代码如下：

```
import requests
response = requests.get("http://www.baidu.com",allow_redirects=False)
# 打印请求页面的状态（状态码）
print(type(response.status_code),response.status_code)
# 打印请求网址的 headers 所有信息
print(type(response.headers),response.headers)
# 打印请求网址的 cookies 信息
print(type(response.cookies),response.cookies)
# 打印请求网址的地址
print(type(response.url),response.url)
```

运行结果如下所示。

```
<class 'int'> 200
    <class 'requests.structures.CaseInsensitiveDict'> {'Cache-Control':
'private, no-cache, no-store, proxy-revalidate, no-transform', 'Connection':
'keep-alive', 'Content-Encoding': 'gzip', 'Content-Type': 'text/html',
'Date': 'Fri, 03 Feb 2023 04:00:29 GMT', 'Last-Modified': 'Mon, 23 Jan
2017 13:27:43 GMT', 'Pragma': 'no-cache', 'Server': 'bfe/1.0.8.18', 'Set-
Cookie': 'BDORZ=27315; max-age=86400; domain=.baidu.com; path=/', 'Transfer-
Encoding': 'chunked'}
    <class 'requests.cookies.RequestsCookieJar'> <RequestsCookieJar[<Cookie
BDORZ=27315 for .baidu.com/>]>
    <class 'str'> http://www.baidu.com/
```

[例 2-19] 使用 GET 方式获取 JSON 数据。

代码如下：

```
import requests
```

```
r=requests.get('http://httpbin.org/get?name=zhengyan&age=20&sex=female&ma
jor=bigdata')
r.encoding='utf-8'
print(r.json()['args']['age'],r.json()['args']['name'])
```

该例运行结果如下。

```
20 zhengyan
```

在 requests 模块中，r.json() 为 requests 中内置的 JSON 解码器，其中只有 response 返回为 json 格式时，用 r.json() 打印出响应的内容，如果 response 返回不为 json 格式，使用 r.json() 会报错。

［例 2-20］ 使用 GET 方式获取网页图像并保存。

代码如下：

```
import requests
r3=requests.get("https://pics3.baidu.com/feed/a1ec08fa513d26977ec9e1f4201
608f34216d873.jpeg?token=ccfab3d1e2305a91be3a1100b46cbfc1")
with open('f1.png','wb')as f:
    f.write(r3.content)
```

该例可将网页图像保存到本地，f1.png 为保存后的命名。

https://pics3.baidu.com/feed/a1ec08fa513d26977ec9e1f4201608f34216d873.jpeg?token=ccfab3d1e2305a91be3a1100b46cbfc1 为图像网址，该图像如图 2-4 所示。

图 2-4　网页中的图形

该操作除了可爬取保存网页中的图像外，也可以爬取保存网页中的视频文件。

［例 2-21］ 加入 header 部分爬取网页。

代码如下：

```
import requests
```

```
headers = {
    "User-Agent": "Mozilla/5.0 (Windows NT 10.0; Win64; x64) AppleWebKit/537.36 (KHTML, like Gecko) Chrome/76.0.3809.100 Safari/537.36"
}
response = requests.get("http://www.httpbin.org/get?name=huang", headers=headers)
print(response.text)
```

该例在爬虫代码中加入了 header 头部信息：

```
headers = {
    "User-Agent": "Mozilla/5.0 (Windows NT 10.0; Win64; x64) AppleWebKit/537.36 (KHTML, like Gecko) Chrome/76.0.3809.100 Safari/537.36"
}
```

该段代码可对爬虫进行伪装，运行结果如下所示。

```
{
  "args": {
    "name": "huang"
  },
  "headers": {
    "Accept": "*/*",
    "Accept-Encoding": "gzip, deflate",
    "Host": "www.httpbin.org",
    "User-Agent": "Mozilla/5.0 (Windows NT 10.0; Win64; x64) AppleWebKit/537.36 (KHTML, like Gecko) Chrome/76.0.3809.100 Safari/537.36",
    "X-Amzn-Trace-Id": "Root=1-62d4021c-60e6bd7c1a0afc3d329a3027"
  },
  "origin": "125.80.134.143",
  "url": "http://www.httpbin.org/get?name=huang"
}
```

（2）使用 POST 方式抓取网页数据。

通过 POST 把数据提交到 URL 地址，等同于以一个字典的形式提交 form 表单里面的数据。Requests 支持以 form 表单形式发送 post 请求，只需要将请求的参数构造成一个字典，然后传给 requests.post() 的 data 参数即可。

［例 2-22］ 使用 POST 参数方式爬取网页。

代码如下：

```
import requests
url = 'http://httpbin.org/post'
data = {
    'name':'owen',
```

```
        'age':'23'
        }
response = requests.post(url,data=data)
print(response.text)
```

运行结果如下所示。

```
{
  "args": {},
  "data": "",
  "files": {},
  "form": {
    "age": "23",
    "name": "owen"
  },
  "headers": {
    "Accept": "*/*",
    "Accept-Encoding": "gzip, deflate",
    "Content-Length": "16",
    "Content-Type": "application/x-www-form-urlencoded",
    "Host": "httpbin.org",
    "User-Agent": "python-requests/2.19.1",
    "X-Amzn-Trace-Id": "Root=1-63dc8473-45b9ff7a64804e7344517f0a"
  },
  "json": null,
  "origin": "125.80.130.132",
  "url": "http://httpbin.org/post"
}
```

可以看到，请求头中的 Content-Type 字段已设置为 application/x-www-form-urlencoded，且 data = {'key1': 'value1', 'key2': 'value2'} 以 form 表单的形式提交到服务端，服务端返回的 form 字段即是提交的数据。

[例 2 – 23] 使用 POST 方式发送 JSON 数据。

代码如下：

```
import json
import requests
url = 'http://httpbin.org/post'
payload = {'name':'owen','age':'24'}
req1 = requests.post(url, data=json.dumps(payload))
print(req1.text)
```

该例首先导入 json 模块，并采用 json.dumps 将 json 内容进行封装并发送，最后输出此数据，运行结果如下所示。

```
{
  "args": {},
  "data": "{\"name\": \"owen\", \"age\": \"24\"}",
  "files": {},
  "form": {},
  "headers": {
    "Accept": "*/*",
    "Accept-Encoding": "gzip, deflate",
    "Content-Length": "29",
    "Host": "httpbin.org",
    "User-Agent": "python-requests/2.19.1",
    "X-Amzn-Trace-Id": "Root=1-63dd0dd9-00e12b7007dfbf0443b7ea40"
  },
  "json": {
    "age": "24",
    "name": "owen"
  },
  "origin": "125.80.130.132",
  "url": "http://httpbin.org/post"
}
```

此外，该例代码也可以书写如下。

```
import requests
import json
payload= {'name':'owen','age':'24'}
string = json.dumps(payload)
r = requests.post("http://httpbin.org/post", data=string)
print(r.text)
```

值得注意的是：使用 json 参数，不管报文是 str 类型，还是 dict 类型，如果不指定 headers 中 content-type 的类型，默认是：application/json。

［例 2-24］ 使用 POST 方式上传文件。

代码如下：

```
import requests
url = 'http://httpbin.org/post'
files = {'file': open('3-1.txt', 'rb')}
req = requests.post(url, files=files)
print(req.text)
```

该例使用 requests 中的 POST 方式上传 3-1.txt，运行结果如下所示。

```
{
  "args": {},
  "data": "",
  "files": {
     "file": "data:application/octet-stream;base64,0ae6xSAg0NXD+w0KMDAxIC
AgwfrUxg0KMDAyICAg1cXOsA0KMDAzICAgwfXP/g0KMDA0ICAg1qPA9g0KMDA1ICAgu8bUxg=="
  },
  "form": {},
  "headers": {
     "Accept": "*/*",
     "Accept-Encoding": "gzip, deflate",
     "Content-Length": "213",
     "Content-Type": "multipart/form-data; boundary=df59e9f67ae643c9bdd7a
eece79d47d4",
     "Host": "httpbin.org",
     "User-Agent": "python-requests/2.19.1",
     "X-Amzn-Trace-Id": "Root=1-63dd111e-51a49c590a9b828d78f3bba6"
  },
  "json": null,
  "origin": "125.80.130.132",
  "url": "http://httpbin.org/post"
}
```

[例 2-25] 使用 requests 生成完整的 HTTP 请求。
代码如下：

```
import requests
# 设置 url
url = 'http://httpbin.org/'
# 设置请求头
headers = {
    "User-Agent": "Mozilla/5.0 (Windows NT 10.0; Win64; x64) AppleWebKit/
537.36 (KHTML, like Gecko) Chrome/76.0.3809.100 Safari/537.36"
}
# 生成 GET 请求，并设置延时为 3 秒
rqg = requests.get(url,headers=headers,timeout = 3)
# 查看状态码
print(" 状态码 ",rqg.status_code)
# 检测编码（查看编码）
print(' 编码 ',rqg.encoding)
# 查看响应头
```

```
print('响应头: ',rqg.headers)
# 查看网页内容
print(rqg.text)
```

该例运行如下所示。

```
状态码   200
编码   utf-8
响应头: {'Date': 'Fri, 03 Feb 2023 14:27:10 GMT', 'Content-Type': 'text/
html; charset=utf-8', 'Content-Length': '9593', 'Connection': 'keep-alive',
'Server': 'gunicorn/19.9.0', 'Access-Control-Allow-Origin': '*', 'Access-
Control-Allow-Credentials': 'true'}
<!DOCTYPE html>
<html lang="en">

<head>
    <meta charset="UTF-8">
<title>httpbin.org</title>
      <link href="https://fonts.googleapis.com/css?family=Open+Sans:400,700
|Source+Code+Pro:300,600|Titillium+Web:400,600,700"
        rel="stylesheet">
      <link rel="stylesheet" type="text/css" href="/flasgger_static/swagger-
ui.css">
      <link rel="icon" type="image/png" href="/static/favicon.ico" sizes=
"64x64 32x32 16x16" />
      <style>
......
```

[例 2-26] 使用 requests 爬出猫眼电影页面内容。

代码如下:

```
import requests
from requests.exceptions import RequestException
headers = {'user-agent':'mozilla/5.0'}
def get_one_page(url):
    try:
        response = requests.get(url, headers=headers)
        if response.status_code == 200:
            return response.text
        return None
    except RequestException:
        return None
def main():
```

```
    url = 'https://maoyan.com/board/4'
    html = get_one_page(url)
    print(html)
if __name__ == '__main__':
    main()
```

该例通过定义函数以及引入异常来实现,运行部分结果如下。

```
<!DOCTYPE html>
<!--[if IE 8]><html class="ie8"><![endif]-->
<!--[if IE 9]><html class="ie9"><![endif]-->
<!--[if gt IE 9]><!--><html><!--<![endif]-->
<head>
    <title>TOP100榜 - 猫眼电影 - 一网打尽好电影</title>
    <link rel="dns-prefetch" href="//p0.meituan.net" />
    <link rel="dns-prefetch" href="//p1.meituan.net" />
    <link rel="dns-prefetch" href="//ms0.meituan.net" />
    <link rel="dns-prefetch" href="//s0.meituan.net" />
    <link rel="dns-prefetch" href="//ms1.meituan.net" />
    <link rel="dns-prefetch" href="//analytics.meituan.com" />
    <link rel="dns-prefetch" href="//report.meituan.com" />
    <link rel="dns-prefetch" href="//frep.meituan.com" />
    <meta charset="utf-8">
    <meta name="keywords" content="猫眼电影,电影排行榜,热映口碑榜,最受期待榜,国内票房榜,北美票房榜,猫眼TOP100">
    <meta name="description" content="猫眼电影热门榜单,包括热映口碑榜,最受期待榜,国内票房榜,北美票房榜,猫眼TOP100,多维度为用户进行选片决策">
    <meta http-equiv="cleartype" content="yes" />
    <meta http-equiv="X-UA-Compatible" content="IE=edge" />
    <meta name="renderer" content="webkit" />
```

(3) requests 爬虫高级用法。

[例 2-27] 获取 Cookie。

代码如下:

```
import requests
response = requests.get('https://www.baidu.com')
print(response.cookies)
for key,value in response.cookies.items():
    print(key,'==',value)
```

Cookie 是一个保存在客户机中的简单的文本文件,这个文件与特定的 Web 文档关联在一起,保存了该客户机访问这个 Web 文档时的信息,当该客户机再次访问这个 Web

文档时,这些信息可供该文档使用。Cookie 的本质是一小段的文本信息,格式的字典,key=value,它记录了包括登录状态在内的所有信息,这些信息由服务器生成和解释,服务器通过客户端携带的 Cookie 来识别用户。Cookie 分为会话 Cookie 和持久 Cookie。会话 Cookie 保持在内存中,当浏览器的会话关闭之后会自动消失;持久 Cookie 保持在硬盘中,只有当失效时间到期才会自动消失。

Cookie 的工作流程如图 2-5 所示。

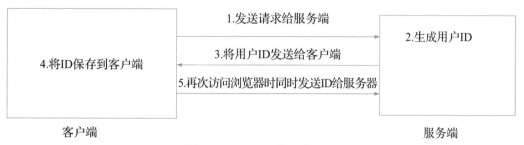

图 2-5 Cookie 的工作流程

该例运行结果如下所示。

```
<RequestsCookieJar[<Cookie BDORZ=27315 for .baidu.com/>]>
BDORZ == 27315
```

值得注意的是:Cookie 的本质是一个键值对,服务器每次对 key 进行比对,相等则记住用户,value 可以保存用户的各种信息并保存在客户端。

[例 2-28] 使用 session 来做会话维持。

代码如下:

```
import requests
session = requests.session()
session.get('http://httpbin.org/cookies/set/name/Jack')
session.get('http://httpbin.org/cookies/set/age/26')
session.get('http://httpbin.org/cookies/set/sex/male')
response = session.get('http://httpbin.org/cookies')
print(response.text)
```

该例运行结果如下所示。

```
{
  "cookies": {
    "age": "26",
    "name": "Jack",
    "sex": "male"
  }
}
```

Cookie 和 session 的区别主要是 Cookie 数据存放在客户的浏览器上，而 session 则是数据存放在服务器上。

2.3 正则表达式

2.3.1 正则表达式简介

正则表达式又称为"规则表达式"，是对字符串操作的一种逻辑公式，其特点是用事先定义好的一些特定字符及这些特定字符的组合，组成一个"规则字符串"，这个"规则字符串"用来表达对字符串的一种过滤逻辑。通常被用来检索、替换那些符合某个模式（规则）的文本。构造正则表达式的方法和创建数学表达式的方法一样，也就是用多种元字符与运算符将小的表达式结合在一起创建更大的表达式。正则表达式的组件可以是单个的字符、字符集合、字符范围、字符间的选择或者所有这些组件的任意组合。表 2-1 给出了常见的正则表达式规则说明。

表 2-1 常见的正则表达式规则说明

正则表达式	说明
\d	"\d"代表一个数字
*	"*"代表任意的字符
[]	"[]"内的字符只能取其一
{}	"{}"指定字符的个数
+	"+"表示前一个字符至少出现一次
—	"—"表示一个范围
?	"?"表示前一个字符可出现 0 次或 1 次
.	匹配除换行符以外的任意字符
|	分支结构，匹配符号之前的字符或后面的字符
\	转义符
^	匹配行的开始
$	匹配行的结束

在正则表达式中，英文句号"."是元字符最简单的例子。元字符"."可以匹配任意单个字符，但它不会匹配换行符和新行的字符。例如，正则表达式".ar"表示：任意字符后面跟着一个字母 a，后面再跟着一个字母 r。

此外，正则表达式还为常用的字符集和常用的正则表达式提供了简写字符，如表 2-2 所示。

表 2-2 简写字符

简写字符	描述
\w	匹配所有字母和数字的字符
\W	匹配非字母和数字的字符
\d	匹配数字
\D	匹配非数字
\s	匹配空格符
\S	匹配非空格符

比如，声明"固定电话号码"。该数据类型由"***—********"组成，如"023-67670011"，可使用正则表达式书写为"\d{3}-d{8}"。

再比如，声明"密码"。该数据类型由"*********"组成，前面 3 位是字母，后面 6 位是数字，如"abc123456"，可使用正则表达式书写为"[a-z]{3}[0-9]{6}"。

正则表达式的特点如下：

（1）灵活性、逻辑性和功能性非常强；

（2）可以迅速地用简单的方式达到字符串的复杂控制。

正则表达式的应用如下：

（1）验证字符串，即验证给定的字符串或子字符串是否符合指定的特征，例如，验证邮箱地址是否合法等；

（2）查找字符串，从给定的文本当中查找符合指定特征的字符串；

（3）替换字符串，即查找到符合特征的字符串后将其替换；

（4）提取字符串，即从给定的字符串中提取符合指定特征的子字符串。

图 2-6 显示了正则表达匹配的流程。

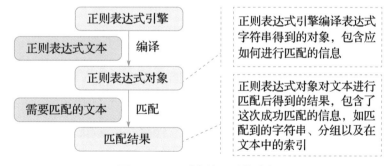

图 2-6 正则表达匹配的流程

正则表达式的大致匹配过程如下：

依次拿出表达式和文本中的字符比较，如果每一个字符都能匹配，则匹配成功；一旦有匹配不成功的字符，则匹配失败。如果表达式中有量词或边界，这个过程会稍微有一些不同。

2.3.2 正则表达式应用

在 Python 3 中，可以通过自带的 re 模块来实现正则表达式的功能。Python 中 re 模块中的主要函数及其含义见表 2-3。

表 2-3 Python 中 re 模块中的主要函数及其含义

函数名称	含义
re.match	从字符串的起始位置匹配一个模式，如果匹配不成功则返回 None
re.search	在字符串内查找模式匹配，找到第一个匹配然后返回，如果字符串没有匹配成功则返回 None
re.sub	用于替换字符串中的匹配项
re.split	分割字符串
re.findall	在字符串中找到正则表达式所匹配的所有子串，并返回一个列表，如果没有找到匹配的子串，则返回空列表
re.finditer	和 findall 类似，在字符串中找到正则表达式所匹配的所有子串，并把它们作为一个迭代器返回
re.compile	把正则表达式编译成一个正则表达式对象
re.pattern	将正则表达式 pattern 编译成 pattern 对象，并返回该对象

[例 2-29] 使用 search 匹配普通字符串。

代码如下：

```
import re
a="student"
str1="teacherandstudent"
ret=re.search(a,str1)
print(ret)
```

该例导入了 Python 中的 re 模块，并使用其中的 search() 函数从字符串 "teacherandstudent" 中搜索 "student" 第一次出现的匹配情况。运行该例如图 2-7 所示。

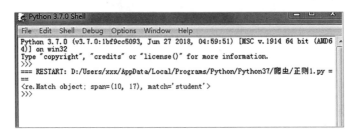

图 2-7 使用 re 模块匹配普通字符串

[例 2-30] 使用通用字符串匹配字符。

代码如下:

```
import re
a="\d{2}st"
str1="teacherand12345student"
ret=re.search(a,str1)
print(ret)
```

在该例中,"\d{2}st"表示在字符 st 前面有 2 个任意的十进制数字 [0-9],运行该例如图 2-8 所示。

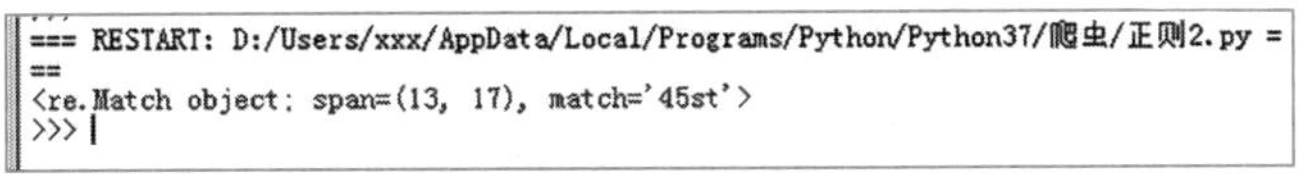

```
=== RESTART: D:/Users/xxx/AppData/Local/Programs/Python/Python37/爬虫/正则2.py ===
<re.Match object; span=(13, 17), match='45st'>
>>>
```

图 2-8 使用通用字符串匹配字符

从程序运行结果可以看出,正则表达式 "\d{2}st" 匹配 "teacherand12345student" 成功。

[例 2-31] 使用 re.match 进行匹配。

代码如下:

```
import re
print(re.match('xyz', 'xyz.com'))           # 在起始位置匹配
print(re.match('xyz', 'www.xyz.com'))       # 不在起始位置匹配
```

运行结果如下所示。

```
<re.match object; span=(0, 3), match='xyz'>
None
```

[例 2-32] 使用 re.findall 进行匹配。

代码如下:

```
import re
print(re.findall(r'123', '123python123'))      # 匹配成功
print(re.findall(r'123py', '123python123'))    # 匹配成功
print(re.findall(r'1234', '123python123'))     # 匹配不成功
运行结果如下所示。
['123', '123']
['123py']
[]
```

[例 2-33] 使用 findall 匹配数字。

代码如下:

```
import re
```

```
patt=r'[1-5][0-9]'
lis=[10,20,30,40,2,3,59,60,'aa','3aaa']
match=re.findall(patt,str(lis))
if match:
    print(match)
```

运行结果如下所示。

['10', '20', '30', '40', '59']

[例2-34] 使用正则表达式查找网页的标题。

代码如下:

```
import re
import urllib.request
url = "http://www.baidu.com/"
content = urllib.request.urlopen(url).read()
title = re.findall(r'<title>(.*?)</title>', content.decode('utf-8'))
print(title[0])
```

运行结果可以百度自查。

[例2-35] 使用正则表达式查找网页的超链接。

代码如下:

```
import re
content = '''
<a href="http://news.baidu.com" >百度新闻</a>
<a href="http://www.sohu.com" >搜狐</a>
<a href="http://map.baidu.com" >百度地图</a>
'''
res = r"(?<=href=\").+?(?=\")"
urls = re.findall(res, content)
for url in urls:
    print(url)
```

运行结果如下所示。

http://news.baidu.com
http://www.sohu.com
http://map.baidu.com

[例2-36] 使用正则表达式查找网页的文本数据。

代码如下:

```
import re                                    # 导入模块
```

```
key =    "<html><body><h1>hello world</h1></body></html>"   # 要查询的文本
p = r"<h1>.+</h1>"                    # 正则表达式
pattern = re.compile(p)               # 对正则表达式进行编译
matcher = re.findall(pattern,key)     # 在文本中进行查找
matcher
```

运行结果如下所示。

```
['<h1>hello world</h1>']
```

2.4 BeautifulSoup

2.4.1 BeautifulSoup 简介

HTML 文档本身是结构化的文本，有一定的规则，通过它的结构可以简化信息提取。于是，就有了像 lxml、pyquery、BeautifulSoup 之类的网页信息提取库。其中 BeautifulSoup 提供一些简单的、Python 式的函数来处理导航、搜索、修改分析树等功能。它是一个工具箱，通过解析文档为用户提供需要抓取的数据，因为简单，所以不需要多少代码就可以写出一个完整的应用程序。目前，BeautifulSoup 已成为和 lxml、html5lib 一样出色的 Python 解释器（库），并为用户灵活地提供不同的解析策略或迅猛的速度。

要使用 BeautifulSoup 库，首先需要在 Python 3 中安装，可以直接在 cmd 下用 pip3 命令进行安装：

```
pip install beautifulsoup4
```

值得注意的是，安装包名是 beautifulsoup4。安装完成后可以通过导入该库来判断是否安装成功，如图 2-9 所示。

```
>>> from bs4 import BeautifulSoup
>>>
```

图 2-9　安装并测试 BeautifulSoup

BeautifulSoup 将复杂的 HTML 文档转换为一个树形结构来读取，其中树形结构中的每个节点都是 Python 对象，并且所有对象都可以归纳为 Tag、NavigableString、BeautifulSoup 以及 Comment 4 种。每种对象的含义见表 2-4。

表 2-4　BeautifulSoup 对象的含义

对象	含义
Tag	表示 HTML 中的一个标签
NavigableString	表示获取标签内部的文字

续表

对象	含义
BeautifulSoup	表示一个文档的全部内容
Comment	表示一个特殊类型的 NavigableString 对象

BeautifulSoup 支持的解析器如表 2-5 所示。

表 2-5 Beautiful Soup 支持的解析器

解析器	使用方法
Python 标准库	BeautifulSoup（markup，"html.parser"）
lxml HTML 解析器	BeautifulSoup（markup，"lxml"）
lxml XML 解析器	BeautifulSoup（markup，"xml"）
html5lib	BeautifulSoup（markup，"html5lib"）

2.4.2 BeautifulSoup 实例

在 Python 3 中，BeautifulSoup 库的导入语句如下：

```
from bs4 import BeautifulSoup
```

［例 2-37］ Tag 对象实例 name，如图 2-10 所示。

代码及运行结果如下：

```
>>> from bs4 import BeautifulSoup
>>> soup=BeautifulSoup('<b class="name">owen</b>')
>>> tag=soup.html
>>> type(tag)
<class 'bs4.element.Tag'>
>>> tag.name
'html'
>>>
```

图 2-10 Tag 对象实例 name

一个 HTML 标签被用来定义各种类型的内容。BeautifulSoup 中的一个标签对象对应于实际页面或文档中的一个 HTML 或 XML 标签。标签包含很多属性和方法，标签的两个重要特征是名称和属性。每个标签都包含一个名称，可以通过 ".name" 作为后缀进行访问，tag.name 将返回它的标签类型。

［例 2-38］ Tag 对象实例 class，如图 2-11 所示。

代码及运行结果如下：

```
>>> one=BeautifulSoup("<div class='one'></div>",'lxml')
>>> two=one.div
>>> two['class']
['one']
>>>
```

图 2-11 Tag 对象实例 class

一个标签对象可以有任意数量的属性,可以通过访问键来访问属性(比如访问 "class"),也可以通过 ".attrs " 直接访问。

[例 2-39] NavigableString 对象获取标签内容,如图 2-12 所示。

代码及运行结果如下:

```
>>> from bs4 import BeautifulSoup
>>> soup=BeautifulSoup('<b class="name">owen</b>')
>>> soup.string
'owen'
>>> soup.string.replace_with("nessi")
'owen'
>>> soup.string
'nessi'
>>> soup
<html><body><b class="name">nessi</b></body></html>
```

图 2-12 NavigableString 对象获取标签内容

NavigableString 对象用于表示一个标签的内容,如要访问其内容,在标签中使用语句 ".string" 来实现。此外,用户还可以用另一个字符串替换之前的标签内容。

[例 2-40] BeautifulSoup 对象获取文档内容,如图 2-13 所示。

代码及运行结果如下:

```
>>> from bs4 import BeautifulSoup
>>> soup=BeautifulSoup('<b class="name">moon</b>')
>>> type(soup)
<class 'bs4.BeautifulSoup'>
>>> soup.name
'[document]'
```

图 2-13 BeautifulSoup 对象获取文档内容

BeautifulSoup 对象是 HTML 转换成特定结构,使其能通过标签来查找和获取信息,它支持遍历文档树和搜索文档树中描述的大部分方法。

[例 2-41] BeautifulSoup 遍历 HTML 文档,如图 2-14 所示。

代码及运行结果如下:

```
>>> html="""
... <html>
... <head>
... <title>python</title>
... <body>
... <p class="one">free</p>
... <p class="prog">online</p>
... <div>go</div>
... """
>>> from bs4 import BeautifulSoup
>>> soup=BeautifulSoup(html,'html.parser')
>>> soup.head
<head>
<title>python</title>
<body>
<p class="one">free</p>
<p class="prog">online</p>
<div>go</div>
</body></head>
>>> soup.title
<title>python</title>
>>> soup.body.p
<p class="one">free</p>
>>> soup.body.div
<div>go</div>
>>> soup.find_all("p")
[<p class="one">free</p>, <p class="prog">online</p>]
```

图 2-14 BeautifulSoup 遍历 HTML 文档

任何一个 HTML 文档中的重要元素之一是标签，它可能包含其他标签/字符串（标签的子代），BeautifulSoup 提供了不同的方法来浏览和迭代标签的子代。

搜索解析树的最简单方法是按标签的名称搜索。如使用 soup.title 遍历 <title> 标签，使用 soup.body.p 遍历 <body> 标签中的 p 标签，使用 soup.find_all("p") 遍历所有的 p 标签。

值得注意的是，使用标签名作为属性时，将只返回该名称的第一个标签。

[例 2-42] 使用 BeautifulSoup 获取网页信息。

准备一个网页，命名为 2-1.html，内容如下：

```
<!DOCTYPE html>
<html lang="zh">
<head>
<title>这是我的网页</title>
</head>
<body>
<h1>我的第一个标题</h1>
<p>我的第一个段落。</p>
</body>
</html>
```

在 Python 3 中导入 BeautifulSoup 库获取该网页信息，代码如下：

```python
from bs4 import BeautifulSoup
file = open('2-1.html', 'rb')
html = file.read()
bs = BeautifulSoup(html,"html.parser")    # 缩进格式
print(bs.prettify())                       # 格式化 html 结构
print(bs.title)                            # 获取 title 标签的名称
print(bs.title.name)                       # 获取 title 的 name
print(bs.title.string)                     # 获取 head 标签的所有内容
print(bs.head)
```

该例使用 BeautifulSoup 获取 2-1.html 网页的相关信息，如网页结构，网页 title 标签的名称，网页 head 标签的所有内容等。运行该程序如图 2-15 所示。

[例 2-43] 使用 BeautifulSoup 爬取网页节点信息。

该例以豆瓣电影排行做分析，网址为：https://movie.douban.com/top250。

该例爬取网页中标签 h1 的数据内容，分析网页结构如图 2-16 所示。

```
'''
== RESTART: D:/Users/xxx/AppData/Local/Programs/Python/Python37/爬虫/4-8-1.py ==
<!DOCTYPE html>
<html lang="zh">
 <head>
  <title>
   这是我的网页
  </title>
 </head>
 <body>
  <h1>
   我的第一个标题
  </h1>
  <p>
   我的第一个段落。
  </p>
 </body>
</html>

<title>这是我的网页</title>
title
这是我的网页
<head>
<title>这是我的网页</title>
</head>
>>> |
```

图 2－15　使用 BeautifulSoup 获取网页信息

```
<!doctype html>
<html lang="zh-CN" class="ua-windows ua-webkit">
▶<head>…</head>
▼<body>
   <script type="text/javascript">var _body_start = new Date();</script>
   <link href="//img3.doubanio.com/dae/accounts/resources/20e516e/shire/bundle.css" rel="stylesheet" type="text/css">
  ▶<div id="db-global-nav" class="global-nav">…</div>
  ▶<script>…</script>
   <script src="//img3.doubanio.com/dae/accounts/resources/20e516e/shire/bundle.js" defer="defer"></script>
   <link href="//img3.doubanio.com/dae/accounts/resources/20e516e/movie/bundle.css" rel="stylesheet" type="text/css">
  ▶<div id="db-nav-movie" class="nav">…</div>
  ▶<script id="suggResult" type="text/x-jquery-tmpl">…</script>
   <script src="//img3.doubanio.com/dae/accounts/resources/20e516e/movie/bundle.js" defer="defer"></script>
  ▼<div id="wrapper">
    ▼<div id="content">
...      <h1>豆瓣电影 Top 250</h1> == $0
      ▶<div class="grid-16-8 clearfix">…</div>
     </div>
    ▶<div id="footer">…</div>
   </div>
   <!-- COLLECTED JS -->
   <link rel="stylesheet" type="text/css" href="https://img1.doubanio.com/f/shire/8377b94…/css/ui/dialog.css">
   <link rel="stylesheet" type="text/css" href="https://img1.doubanio.com/f/movie/4aca95d…/css/movie/mod/reg_login_pop.css">
   <script type="text/javascript" src="https://img1.doubanio.com/f/shire/2c0c1c6…/js/do.js" data-cfg-autoload="false">
   </script>
   <script type="text/javascript" src="https://img1.doubanio.com/f/shire/bc881a8…/js/ui/dialog.js"></script>
  ▶<script type="text/javascript">…</script>
  ▶<script type="text/javascript">…</script>
  ▶<script type="text/javascript">…</script>
  ▶<script type="text/javascript">…</script>
   <!-- dae-web-movie--default-6449897f5-5xgf9-->
   <script>_SPLITTEST=''</script>
  ▶<div id="search_suggest" style="display: none; top: 78px; left: 174.406px;">…</div>
 </body>
</html>
```

图 2－16　分析网页结构

代码如下：

```
import requests
from bs4 import BeautifulSoup
headers = {'User-Agent': 'Mozilla/5.0 (Macintosh; Intel Mac OS X 10_13_3) AppleWebKit/537.36 (KHTML, like Gecko)Chrome/65.0.3325.162 Safari/537.36'}
```

```
url='https://movie.douban.com/top250'
req=requests.get(url,headers=headers)
html=req.text
#print(req.text)
soup=BeautifulSoup(html,'lxml')
print(soup.h1)
运行结果如下。
<h1>豆瓣电影 Top 250</h1>
>>>
```

2.5 Xpath

2.5.1 Xpath 简介

XML 路径语言（Xpath）用于定位 XML 文档中的数据信息，它是一种专门用来在 XML 文档中查找信息的语言，目前主要用来对 XML 文档中的元素和属性进行遍历，以便读取相应的数据。但是严格来说，Xpath 并不是一种完整意义上的编程语言，它被设计为内嵌语言，以便被其他语言所使用。

值得注意的是：
- Xpath 是一个 W3C 标准。
- Xpath 是 XSLT 中的主要元素。
- Xpath 使用路径表达式来选取 XML 中的节点。

在 Xpath 中有 7 种类型的节点：元素、属性、文本、命名空间、处理指令、注释及文档节点。XML 文档被当作节点数来对待，树根被称为文档节点或者根节点。在 Xpath 的文档节点树中，包含的节点按照一定的顺序进行排列，这就是文档顺序。在读取节点时，所排列的顺序从上到下，从左到右。

有以下的 XML 文档：

```
<?xml version="1.0" encoding="GB2312"?>
<图书>
<书名>万历十五年<书名>
<作者>黄仁宇<作者>
<出版社>中华书局<出版社>
</图书>
```

在该文档中，存在如下的节点：
- <图书>：文档节点。

- <书名><作者><出版社>：元素节点。
- 万历十五年：基本值节点。其中基本值是指无父或无字的节点。

该文档中，文档树如图 2-17 所示。

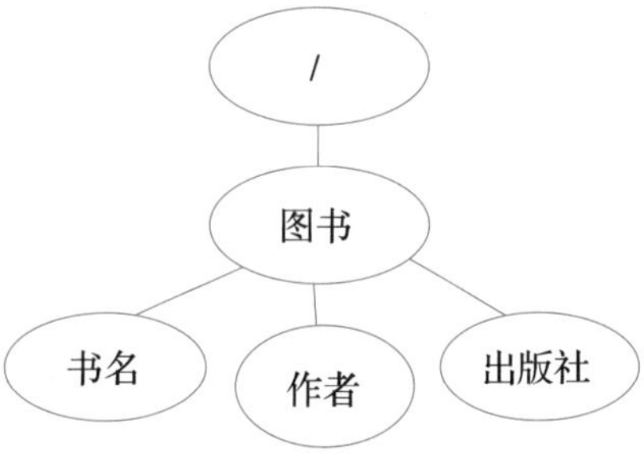

在 Xpath 中，节点之间存在以下关系。

（1）父。

每个元素都有一个"父"，在图 2-17 中，元素"图书"是元素"书名""作者""出版社"的父。

图 2-17 文档的树状表示

（2）子。

元素节点可以有零个、一个或者多个子。在图 2-17 中，元素"书名""作者""出版社"是元素"图书"的子。元素"书名""作者""出版社"有零个子。

（3）同胞。

拥有相同父节点的节点称为同胞。在图 2-17 中，元素"书名""作者""出版社"互为同胞。

（4）先辈。

某一节点的父元素，或是父元素的父元素称为该元素的先辈。在图 2-17 中，元素"书名"的先辈是"图书"。

（5）后代。

某个元素的子元素及子元素的子元素，都称为该元素的后代。在图 2-17 中，元素"图书"的后代是"书名""作者"和"出版社"。

Xpath 使用路径表达式在 XML 文档中选取节点。表 2-6 列举了常见的路径表达式，表 2-7 列举了常见的谓语表达式，表 2-8 列举了谓语表达式的作用。在 Xpath 中，谓语主要用来查找某个特定的节点或者包含某个指定值的节点，谓语被嵌在方括号中。可以对任意节点使用谓语，并输出结果。表 2-9 列举了选取若干路径表达式的运用，在 Xpath 中使用"|"运算符，可以选取若干个路径。表 2-10 列出了 Xpath 轴的实例。

表 2-6 常见的路径表达式

表达式	描述
nodename	选取次节点的所有子节点
/	从根节点选取
//	从匹配选择的当前节点选择文档中的节点，而不考虑它们的位置。
.	选取当前节点
..	选取当前节点的父节点
@	选取属性

表2-7 常见的谓语表达式

表达式	输出结果
/students/student[1]	选取属于 students 元素的第 1 个 student 元素
/students/student[last()]	选取属于 students 元素的最后 1 个 student 元素
/students/student[last()-1]	选取属于 students 元素的倒数第 2 个 student 元素
/students/student[position()<2]	选取最前面的 1 个属于 students 元素的 student 元素
//student[@id]	选取所有拥有名为 id 属性的 student 元素
//student[@id='00111']	选取所有拥有值为 00111 的 id 属性的 student 元素

表2-8 谓语表达式的作用

表达式	输出结果
/book/chap[4]	选取属于 book 元素中的第 4 个 chap 元素
/class/student[age]	选取属于 class 元素的含有 age 元素的所有 student 元素
/class/student[age=21]	选取属于 class 元素的 age 元素值为 21 的所有 student 元素
/class/student[@ *]	选取属于 class 元素的包含有属性的所有 student 元素
//*[@id=@name]	选取拥有 id 和 name 属性并且值相等的元素

表2-9 选取若干路径表达式的运用

表达式	输出结果
//book/title | //book/author	选取文档中 book 元素的所有 title 元素和 author 元素
//title | //author	选取文档中的所有 title 和 author 元素
//name | //age | //sex	选取文档中所有 name 元素、age 元素和 sex 元素
//name | /class/student/age	选取文档中所有 name 元素和属于 class 元素中的 student 元素中的所有 age 元素

表2-10 Xpath 轴的实例

轴名称	描述
child::book	选取所有属于当前节点的子元素的 book 节点
attribute::lang	选取当前节点的 lang 属性
child::*	选取当前节点的所有子元素
attribute::*	选取当前节点的所有属性

续表

轴名称	描述
child::text()	选取当前节点的所有文本子节点
child::node()	选取当前节点的所有子节点
descendant::book	选取当前节点的所有 book 后代
ancestor::book	选择当前节点的所有 book 先辈

值得注意的是，当使用名称或星号通配符选择节点的时候，只考虑轴中类型为主节点类型的节点。如“child::book”选择的是 book 子元素节点；“attribute::book”选择的是名称为 book 的属性节点；“child::*”只选择子元素节点。

2.5.2 Xpath 的应用

lxml 是一个 Xpath 格式解析模块，安装方便，直接 pip install lxml 或者 easy_install lxml 即可。

在 Python 3 中导入此包：from lxml import etree。

［例 2-44］ 使用 Xpath 获取网页信息，如图 2-18 所示。

```
>>> from lxml  import etree
>>> data="""
... <div>
... <ul>
... <li>first</li>
... <li>second</li>
... <li>third</li>
... <li>fourth</li>
... </ul>
... </div>
... """
>>> html=etree.HTML(data)
>>> print(html)
<Element html at 0x2bb2148>
>>> result=etree.tostring(html)
>>> print(result.decode("utf-8"))
<html><body><div>
<ul>
<li>first</li>
<li>second</li>
<li>third</li>
<li>fourth</li>
</ul>
</div>
</body></html>
>>>
```

图 2-18 使用 Xpath 获取网页信息

该例中语句“html = etree.HTML(data)”可以将字符串解析为 html 文档，语句“result = etree.tostring(html)”可以将字符串序列化为 html，如果使用 lxml 来提取数据，应以 lxml.etree.tostring 的返回结果作为提取数据的依据。

此外，需要注意的是，Element 类是 lxml 的一个基础类，大部分 XML 都是通过 Element 存储的，如图 2-19 所示。

```
>>> print(type(html))
<class 'lxml.etree._Element'>
```

图 2-19 Element 类

使用 Xpath 输出所有节点，以及使用 Xpath 输出所需的节点内容，如图 2-20 所示。

```
>>> result=html.xpath('//li')
>>> print(result)
[<Element li at 0x2bb2148>, <Element li at 0x2bb2308>, <Element li at 0x2bb2388>
, <Element li at 0x2bb23c8>]
>>> result=html.xpath('//li[1]')
>>> print(result)
[<Element li at 0x2bb2148>]
>>> print(result[0].text)
first
>>> result=html.xpath('//li[last()]')
>>> print(result[0].text)
fourth
>>>
```

图 2-20 使用 Xpath 输出节点及节点内容

查看节点类型，如图 2-21 所示。

```
>>> print(type(result))
<class 'list'>
>>> print(type(result[0]))
<class 'lxml.etree._Element'>
>>>
```

图 2-21 查看节点类型

输出 li 标签中的各个子节点内容，如图 2-22 所示。

```
>>> result=html.xpath('//li')
>>> print(result[0].text)
first
>>> print(result[1].text)
second
>>> print(result[2].text)
third
>>> print(result[3].text)
fourth
>>>
```

图 2-22 输出 li 标签中的各个子节点内容

［例 2-45］ 使用 etree.HTML() 来加载一个 HTML 页面。
代码如下：

```
from lxml import etree
import  requests
from chardet import detect
url='http://tool.chinaz.com/'
resp=requests.get(url,timeout=50)
html=resp.content
#识别编码
cder=detect(html)
html=html.decode(cder.get('encoding'))
tree=etree.HTML(html)
#打印全部 a 标签
```

```
hrefs=tree.xpath('//a')
for href in hrefs:
    print(href.get('href'),'\t',href.text)
```

运行结果如图 2-23 所示。

```
//chinaz.com	站长之家
//sc.chinaz.com	站长素材
http://down.chinaz.com	源码下载
//top.chinaz.com	网站排行
//zj.chinaz.com	SEO中介
//data.chinaz.com	星网词库
https://mall.chinaz.com	站长商城
//font.chinaz.com	字体下载
javascript:mobilepage();	None
//my.chinaz.com/toolvip/vip	None
/	None
//tool.chinaz.com	首页
//seo.chinaz.com	SEO优化
//yx.chinaz.com/marketing/bidding/bid-list	竞价大数据
//yx.chinaz.com/marketing/bidding/bid-list	分析同行竞品的百度sem策略
//seo.chinaz.com/	SEO综合查询
//seo.chinaz.com/	网站的SEO相关信息
//ntool.chinaz.com/keywords/	关键词排名查询
//ntool.chinaz.com/keywords/	网站的关键词排名信息
//link.chinaz.com/	友情链接查询
//link.chinaz.com/	网站的友情链接信息
//outlink.chinaz.com/	反链外链查询
//outlink.chinaz.com/	网站的反链和外链信息
//ntool.chinaz.com/tools/links	死链查询
//ntool.chinaz.com/tools/links	网站的死链信息
//tool.chinaz.com/vie	竞争网站分析
//tool.chinaz.com/vie	竞争对手网站的权重关键词信息
//tool.chinaz.com/kwevaluate	关键词优化分析
//tool.chinaz.com/kwevaluate	关键词优化难度及排名权重信息
//stool.chinaz.com/baidu/words.aspx	关键词挖掘
//stool.chinaz.com/baidu/words.aspx	挖掘更多流量关键词
//tool.chinaz.com/tools/density.aspx	关键词密度检测
//tool.chinaz.com/tools/density.aspx	网站的关键词密度检测
//tool.chinaz.com/shoulu/	收录查询
```

图 2-23　运行结果

值得注意的是，使用 lxml 解析 HTML 页面时，一定要注意编码的问题。该例中语句 chardet 是 python 的一个第三方编码检测模块，可以检测 XML 等字符编码的类型。

2.6 PyQuery

2.6.1 PyQuery 简介

PyQuery 是 Python 的第三方库，是一个非常强大又灵活的网页解析库，它提供了和 JQuery 类似的语法来解析 HTML 文档，并且支持 CSS 选择器，使用非常方便。

与 Xpath、BeautifulSoup 相比，PyQuery 更加灵活，它提供增加节点的 class 信息，移除某个节点，提取文本信息等功能。

Pyquery 安装命令如下：

```
pip install pyquery
```

在 Python 中导入 Pyquery 常见语句如下：

```
from pyquery import PyQuery as pq
```

[例 2-46] 使用 PyQuery 提取 HTML 数据，代码如图 2-24 所示。

```
>>> data="""
... <html>
... <body>
... <ul class="list1">
... <li>one</li>
... <li>two</li>
... </ul>
... <p class="t">book</p>
... </body>
... </html>
... """
>>> from pyquery import PyQuery as pq
>>> doc=pq(data)
>>> doc('p').text()
'book'
>>> doc('ul.list1 li').text()
'one two'
>>>
```

图 2-24　PyQuery 提取 HTML 数据

从［例 2-46］的代码可以看出，PyQuery 与 Xpath 使用思路非常相似，只是语法不同而已。如使用 ('p').text() 来输出 p 标记中的文本内容。

2.6.2　PyQuery 操作

［例 2-47］ 初始化 PyQuery 对象，代码如图 2-25 所示。

```
>>> from pyquery import PyQuery as pq
>>> s='<html><title>hello</title></html>'
>>> doc=pq(s)
>>> print(doc('title'))
<title>hello</title>
>>>
```

图 2-25　初始化 PyQuery 对象

在初始化 PyQuery 对象时，首先导入 PyQuery 库，接着将字符串传递给 PyQuery 类，这样就生成了一个 PyQuery 对象，最后通过该对象就可以访问字符串中的 title 节点。

［例 2-48］ PyQuery 补全代码，如图 2-26 所示。

```
>>> from pyquery import PyQuery as pq
>>> s='<html><title>hello</title>'
>>> doc=pq(s)
>>> print(doc('html'))
<html><head><title>hello</title></head></html>
>>>
```

图 2-26　PyQuery 补全代码

从图 2-27 可以看出，最开始的字符串的 html 节点没有闭合，并且缺少 head 节点。而初始化 PyQuery 对象之后，会把 html 文档补全，并且自动加上 head 节点。

［例 2-49］ URL 初始化 PyQuery 对象，如图 2-27 所示。

```
>>> from pyquery import PyQuery as pq
>>> url='https://www.sina.com.cn'
>>> doc=pq(url=url,encoding='utf-8')
>>> print(doc('title'))
<title>新浪网</title>
```

图 2-27　URL 初始化 PyQuery 对象

[例 2-50] 将要解析的 URL 网址当作参数传递给 PyQuery 类，并读取网页中 title 节点的内容。图 2-28 输出了百度网址中的 title 节点内容。

```
>>> from pyquery import PyQuery as pq
>>> url='https://www.baidu.con'
>>> doc=pq(url=url,encoding='utf-8')
>>> print(doc('title'))
<title>百度一下，你就知道</title>
```

图 2-28　输出网址中的节点内容

[例 2-51] 获取节点文本属性值，如图 2-29 所示。

```
>>> from pyquery import PyQuery as pq
>>> html='<li id="one">text value</li>'
>>> li=pq(html)('li')
>>> print(li.text())
text value
>>> print(li.html())
text value
```

图 2-29　获取节点文本属性值

PyQuery 提供 text() 和 html() 方法获取节点的文本属性值。值得注意的是，html() 和 text() 如果没参数，则获取属性的文本值；如果有参数，则改变或者添加节点的属性值。

[例 2-52] 读取节点属性，如图 2-30 所示。

```
>>> from pyquery import PyQuery as pq
>>> html='<li id="one">text value</li>'
>>> doc=pq(html)
>>> print(li.attr("id"))
one
>>>
```

图 2-30　读取节点属性

在 PyQuery 中使用 attr() 方法读取节点的属性，值得注意的是，如果代码中有两个不同 id 的 li 节点，attr() 方法只读取第一个 li 节点的 id 属性值，而不读取第二个。如图 2-31 所示。

```
>>> from pyquery import PyQuery as pq
>>> html='<li id="one">text value</li><li id="two">text1 value</li>'
>>> doc=pq(html)
>>> print(li.attr("id"))
one
>>>
```

图 2-31　attr() 方法读取 id 属性

[例 2-53] 使用 PyQuery 读取搜狐网址正文内容。
代码如下：

```
from pyquery import PyQuery as pq
url = 'http://www.sohu.com'
doc = pq(url=url,encoding='utf-8')
print(doc('body'))
```

该例读取了搜狐网址中的正文内容，输出为标记 <body></body> 之间的内容，运行如图 2-32 所示。

```
<body class="sohu-index-v3" data-spm="home"><script>if(window&amp;&amp;window.performance&amp;&amp;"function"==typeof window.performance.now){var currentTime=Math.round(window.performance.now());window.MptcfePerf?window.MptcfePerf.fmp=currentTime:window.MptcfePerf={fmp:currentTime},window.MptcfePerf?window.MptcfePerf.pltst:+new Date-currentTime:window.MptcfePerf={pltst:+new Date-currentTime},window.MptcfePerf?window.MptcfePerf.fmpst:+new Date:window.MptcfePerf={fmpst:+new Date}}</script><header class="sohu-head"><div class="area sohu-head-box"><div class="right head-right"/></div></header><div class="theme-skin-wrap" data-spm="top-festival"><div class="mask"/><div class="close-wrap"><div class="icon-wrap"><i class="icon-close"/></div></div>关闭皮肤</div></div><div class="top-box"><div class="top-box-wrapper"><div class="logo-search area" data-spm="top-logo"><div class="logo left"><a href="/" target="_blank">搜狐首页</a></div><div class="mod left"><div class="search left" id="search"/></div><div class="links-list-wrap"><ul class="links"><a href="http://mp.sohu.com/?_trans_=12312" target="_blank"><li class="link shh"><div class="icon"/><div class="title">搜狐号</div></li></a><a href="https://mail.sohu.com" target="_blank"><li class="link sohu_email"><div class="icon"/><div class="title">搜狐邮箱</div></li></a></ul></div><nav class="nav area" data-spm="top-nav">     <div class="box first">      <a class="nav-item" data-clev="10220218" target="_blank" href="https://news.sohu.com/?scm=1103.plate:412:0.0.2.0"><strong>新闻</strong></a>      <a class="nav-item 2" data-clev="10220219" target="_blank" href="https://mil.sohu.com/?scm=1103.plate:412:0.0.2.0">军事 </a>      <a class="nav-item 2" data-clev="10220220" target="_blank" href="https://www.sohu.com/xchannel/TURBd01EQXhPVGt5?scm=1103.plate:412:0.0.2.0">专题 </a>        <a class="nav-item" data-clev="10220221" target="_blank" href="https://business.sohu.com/?scm=1103.plate:412:0.0.2.0"><strong>财经</strong></a>        <a class="nav-item 2" data-clev="10220222" target="_blank" href="https://www.sohu.com/xchannel/TURBd01EQXhORE16?scm=1103.plate:412:0.0.2.0">宏观 </a>     <a class="nav-item 2" data-clev="10220223" target="_blank" href="https://www.sohu.com/xchannel/TURBd01EQXhORE0x?scm=1103.plate:412:0.0.2.0">理财 </a>      </div>       <div class="box">    <a class="nav-item" data-clev="10220224" target="_blank" href="/xchannel/tag?key=%E4%BD%93%E8%82%B2&amp;scm=1103.plate:412:0.0.2.0"><strong>体育</strong></a>       <a class="nav-item 2" data-clev="10220225" target="_blank" href="https://sports.s
```

图 2-32　读取搜狐网址正文内容

[例 2-54] PyQuery 中 CSS 选择器的用法。

```
html = '''
<div id="container">
    <ul class="list">
         <li class="item-0">first item</li>
         <li class="item-1"><a href="link2.html">second item</a></li>
         <li class="item-0 active"><a href="link3.html"><span class="bold">third item</span></a></li>
         <li class="item-1 active"><a href="link4.html">fourth item</a></li>
         <li class="item-0"><a href="link5.html">fifth item</a></li>
    </ul>
</div>
'''
from pyquery import PyQuery as pq
html_query = pq(html)
print(html_query ('#container .list li'))
print(type(html_query ('#container .list li')))
```

该例运行结果如下所示。

```
<li class="item-0">first item</li>
         <li class="item-1"><a href="link2.html">second item</a></li>
         <li class="item-0 active"><a href="link3.html"><span class="bold">third item</span></a></li>
         <li class="item-1 active"><a href="link4.html">fourth item</a></li>
         <li class="item-0"><a href="link5.html">fifth item</a></li>
<class 'pyquery.pyquery.PyQuery'>
```

在这里，初始化 PyQuery 对象之后，传入了一个 CSS 选择器 #container .list li，它的意思是先选取 id 为 container 的节点，然后再选取其内部的 class 为 list 的节点内部的所有 li 节点，最后打印输出。可以看到，最后输出结果的类型依然是 PyQuery 类型。

2.7 JsonPath

2.7.1 JsonPath 简介

正如 Xpath 之于 XML 文档一样，JsonPath 为 Json 文档提供了解析能力。通过使用 JsonPath，人们可以方便地查找节点、获取想要的数据，JsonPath 是 Json 版的 Xpath。

JsonPath 安装命令如下：

```
pip install jsonpath
```

JsonPath 的语法相对简单，它采用开发语言友好的表达式形式，表 2-11 列出了 JsonPath 的基本语法，表 2-12 列出了 JsonPath 的常见函数，表 2-13 列出了 JsonPath 的常见过滤器。

表 2-11 JsonPath 的基本语法

符号	描述
$	根节点
@	当前节点
*	匹配所有节点
…	不管在任何位置，选取符合条件的节点
[,]	支持迭代器中做多选
?()	支持过滤操作
( )	支持表达式操作
.or[]	取子节点
[start:end]	数组区间，不包含 end

表 2-12 JsonPath 的常见函数

符号	描述
min()	获取最小值
max()	获取最大值
avg()	获取平均值
stddev()	获取标准差
length	获取长度

表 2-13　JsonPath 的常见过滤器

符号	描述
==	等于（注意：1 不等于 '1'）
!=	不等于
>	大于
>=	大于等于
<	小于
<=	小于等于
in	所属符号
nin	排除符号
size	长度
empty	空

值得注意的是，JsonPath 的 [] 操作符操作一个对象或者数组，索引是从 0 开始。例如，有以下 Json 文档：

```
{
    "store": {
        "book": [{
            "category": "reference",
            "author": "Nigel Rees",
            "title": "Sayings of the Century",
            "price": 8.95
        }, {
            "category": "fiction",
            "author": "Evelyn Waugh",
            "title": "Sword of Honour",
            "price": 12.99
        }, {
            "category": "fiction",
            "author": "Herman Melville",
            "title": "Moby Dick",
            "isbn": "0-553-21311-3",
            "price": 8.99
        }, {
            "category": "fiction",
            "author": "J. R. R. Tolkien",
            "title": "The Lord of the Rings",
            "isbn": "0-395-19395-8",
```

```
            "price": 22.99
        }
    ],
    "bicycle": {
        "color": "red",
        "price": 19.95
    }
  }
}
```

使用 JsonPath 解析见表 2-14。

表 2-14　JsonPath 解析

符号	描述
$.store.book[*].author	所有 book 的 author 节点
$..author	所有 author 节点
$.store.*	store 下的所有节点
$.store..price	store 下的所有 price 节点
$..book[0]	匹配第 1 个 book 节点
$..*	递归匹配所有子节点
$..book[0,1]	匹配前 2 个 book 节点

值得注意的是，Json 数据结构通常是匿名的，并且不一定有根元素。JsonPath 用一个抽象的名字"$"来表示最外层对象。

2.7.2　JsonPath 实例

[例 2-55-1] 使用 JsonPath 获取符合条件的节点。

代码如下：

```
import jsonpath
result={
    "store": {
        "book": [{
            "category": "reference",
            "author": "Nigel Rees",
            "title": "Sayings of the Century",
            "price": 8.95
        }, {
            "category": "fiction",
            "author": "Evelyn Waugh",
            "title": "Sword of Honour",
            "price": 12.99
        }, {
```

```
                    "category": "fiction",
                    "author": "Herman Melville",
                    "title": "Moby Dick",
                    "isbn": "0-553-21311-3",
                    "price": 8.99
                }, {
                    "category": "fiction",
                    "author": "J. R. R. Tolkien",
                    "title": "The Lord of the Rings",
                    "isbn": "0-395-19395-8",
                    "price": 22.99
                }
            ],
            "bicycle": {
                "color": "red",
                "price": 19.95
            }
        }
    }
author = jsonpath.jsonpath(result, '$.store.book[*].author')
print(author)
```

该例运行结果如下:

```
['Nigel Rees', 'Evelyn Waugh', 'Herman Melville', 'J. R. R. Tolkien']
```

该例成功获取到所有的作者名称,并保存在列表中。

[例2-55-2] 如果要获取所有书的类型,代码如下:

```
author = jsonpath.jsonpath(result, '$.store.book[*].category')
print(author)
```

该例运行结果如下:

```
['reference', 'fiction', 'fiction', 'fiction']
```

[例2-55-3] 如果要获取第一本书的价格,代码如下:

```
third_book_price = jsonpath.jsonpath(result, '$.store.book[0].price')
print(third_book_price)
```

该例运行结果如下:

```
[8.95]
```

[例2-55-4] 如果要获取价格小于9元的书,代码如下:

```
book = jsonpath.jsonpath(result, '$..book[?(@.price<9)]')
```

```
print(book)
print(type(book))
```

运行结果如下:

```
[{'category': 'reference', 'author': 'Nigel Rees', 'title': 'Sayings of the Century', 'price': 8.95}, {'category': 'fiction', 'author': 'Herman Melville', 'title': 'Moby Dick', 'isbn': '0-553-21311-3', 'price': 8.99}]
<class 'list'>
```

[例 2-55-5] 如要获取第一组 book 数据,代码如下:

```
data1=jsonpath.jsonpath(result,'$.store.book[0]')
print(data1)
```

运行结果如下:

```
[{'category': 'reference', 'author': 'Nigel Rees', 'title': 'Sayings of the Century', 'price': 8.95}]
```

[例 2-55-6] 如要获取第一组 book 数据中的 title 值,代码如下:

```
title1=jsonpath.jsonpath(result,'$.store.book[0].title')
print(title1)
```

运行结果如下:

```
['Sayings of the Century']
```

[例 2-55-7] 如要获取 bicycle 中的数据值,代码如下:

```
author = jsonpath.jsonpath(result, '$.store.bicycle[*]')
print(author)
```

运行结果如下:

```
['red', 19.95]
```

2.8 基础爬虫框架

基础爬虫框架如图 2-33 所示,该图介绍了基础爬虫框架包含哪些模块,各个模块之间的关系。

基础爬虫框架主要包括五大模块,分别为爬虫调度器、URL 管理器、HTML 下载器、HTML 解析器和数据存储器。

(1)爬虫调度器。

爬虫调度器主要负责统筹其他四个模块的协调工作。爬虫调度器首先要做的是初始化各个模块，然后通过 crawl(root_url) 方法传入入口 URL，按照运行流程控制各个模块的工作。

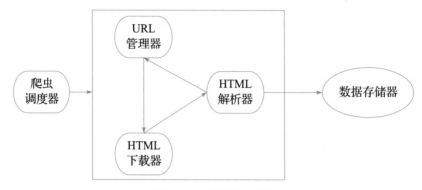

图 2-33　基础爬虫框架

该模块主要代码如下：

```
class SpiderSchedule(object):
    '''
    爬虫调度器，负责初始化各个模块，然后通过 crawl 传递入口 url
    方便内部安卓运行流畅控制各个模块工作
    '''
    def __init__(self):
        self.manager = URLManager()
        self.downloader = HtmlDownloader()
        self.parser = HtmlParser()
        self.output = DataOutput()

    def crawl(self, root_url):
        # 添加入口 url
        self.manager.add_new_url(root_url)
        # 判断是否有新的 url，同时判断抓取 url 个数
        while self.manager.has_new_url() and self.manager.old_urls_size() < 10:
            try:
                # 1. 从 URL 管理器获取新的 url
                new_url = self.manager.get_new_url()
                # 2. 将 url 交给 HtmlDownloader 下载
                html = self.downloader.download(new_url)
                # 3. 将下载的页面交给 HtmlParser 解析
                urls, data = self.parser.parser(new_url, html)
                # 4. 将解析的数据存储重新抽取的 URL 交给 URLManager
                self.output.store_data(data)
                for url in urls:
                    self.manager.add_new_url(url)
                print('已经抓取 {0} 个链接：'.format(self.manager.old_urls_size()), new_url)
```

```
            except Exception as e:
                print(e.args)
                print('crawl failed:', url)
        self.output.output_html()

if __name__ == '__main__':
    schedule = SpiderSchedule()
    schedule.crawl('http://www.baidu.com')    # 爬取网址
```

（2）URL 管理器。

URL 管理器负责管理 URL 链接，维护已经爬取的 URL 集合和未爬取的 URL 集合，提供获取新 URL 链接的接口。URL 管理器除了具有两个 URL 集合，还需要提供以下接口，用于配合其他模块使用，接口如下：

- 判断是否有爬取的 URL，方法定义为 "has_new_url()"。
- 添加新的 URL 到未爬取集合中，方法定义为 "add_new_url(url),add_new_urls(urls)"。
- 获取一个未爬取的 URL，方法定义为 "get_new_url()"。
- 获取未爬取 URL 集合的大小，方法定义为 "new_url_size()"。
- 获取已经爬取的 URL 集合的大小，方法定义为 "old_url_size()"。

该模块主要代码如下：

```
class URLManager(object):
    '''
    url 管理器，主要包含两个集合，一个是已经爬取的 url 集合，另外一个是未爬取的 url 集合
    '''
    def __init__(self):
        self.new_urls = set()
        self.old_urls = set()
    def has_new_url(self):
        '''
        :return: 是否有未爬取的 url
        '''
        return self.new_urls_size() != 0
    def get_new_url(self):
        '''
        :return: 返回一个未爬取的 url
        '''
        new_url = self.new_urls.pop()
        self.old_urls.add(new_url)
        return new_url
    def add_new_url(self, url):
        '''
```

```
        :param url: 添加url到未爬取的url集合
        :return:
        '''
        if url is None:
            return
        if url not in self.new_urls and url not in self.old_urls:
            self.new_urls.add(url)
    def new_urls_size(self):
        '''
        :return: 未爬取的url集合大小
        '''
        return len(self.new_urls)
    def old_urls_size(self):
        '''
        :return: 已爬取的url集合大小
        '''
        return len(self.old_urls)
    def get_old_ulrs(self):
        return self.old_urls
```

（3）HTML下载器。

HTML下载器用于从URL管理器中获取未爬取的URL链接，并下载HTML网页。该模块主要代码如下：

```
import requests
class HtmlDownloader(object):
    '''
    html下载器，用来下载网页
    '''
    def download(self, url):
        if url is None:
            return None
        headers = {
            'user_agent': 'Mozilla/5.0 (X11; Ubuntu; Linux x86_64; rv:54.0) Gecko/20100101 Firefox/54.0',
        }
        response = requests.get(url, headers=headers)
        if response.status_code == 200:
            response.encoding = 'utf-8'
            return response.text
        return None
```

URL管理器的运行机制如图2-34所示。

图 2-34　URL 管理器的运行机制

（4）HTML 解析器。

HTML 解析器用于从 HTML 下载器中获取已经下载的 HTML 网页，并从中解析出新的 URL 链接，交给 URL 管理器，解析出有效数据交给数据存储器。

该模块主要代码如下：

```python
class HtmlParser(object):
    def parser(self, page_url, html_content):
        flag = page_url and html_content
        if flag:
            urls = self._get_new_url(page_url, html_content)
            data = self._get_new_data(page_url, html_content)
            return urls, data
        return None
    def _get_new_url(self, page_url, html_content):
        '''
        抽取当前界面的 url
        :param page_url: 当前页面 url
        :param html_content: 当前 html
        :return: 抽取的 url 集合
        '''
        html = etree.HTML(html_content)
        links = html.xpath('//a/@href')
        new_urls = set()
        for link in links:
            link = urljoin(page_url, link)
            if 'item' in link or 'view' in link:
                new_urls.add(link)
        return new_urls
    def _get_new_data(self, self, page_url, html_content):
        '''
        抽取当前界面数据
```

```
        :param page_url: 当前页面 url
        :param html_content: 当前 html
        :return: 返回抽取数据
        '''
        html = etree.HTML(html_content)
        titles = html.xpath('//dd[@class="lemmaWgt-lemmaTitle-title"]//h1')
        title = titles[0].text if titles else ''
        summary_list = html.xpath('//div[@class="lemma-summary"]//*')
# 提取摘要
        summary = ''
        for sum in summary_list:
            sum.tail = sum.tail if sum.tail else ''
            sum.text = sum.text if sum.text else ''
            summary += sum.text + sum.tail
        # print(title[0].text, text)
        data = {}
        data['url'] = page_url
        data['title'] = title
        data['summary'] = summary
        return data
```

（5）数据存储器。

数据存储器用于将 HTML 解析器解析出来的数据通过文件或者数据库的形式存储起来。该模块主要代码如下：

```
import codecs
class DataOutput(object):
    def __init__(self):
        self.datas = []
    def store_data(self, data):
        if data is None:
            return
        print('store_data:', len(self.datas))
        self.datas.append(data)
    def output_html(self):
        fout = codecs.open('baike.html', 'w', encoding='utf-8')
        fout.write("<html>")
        fout.write("<body>")
        fout.write("<table>")
        count = 0
        for data in self.datas:
            count += 1
            fout.write("<tr>")
```

```
            fout.write("<td>%s</td>" % data['url'])
            fout.write("<td>%s</td>" % data['title'])
            fout.write("<td>%s</td>" % data['summary'])
            fout.write("</tr>")
        fout.write("<h1>{0}</h1>".format(count))
        fout.write("</table>")
        fout.write("</body>")
        fout.write("</ht>")
```

综上，图 2-35 显示了基础爬虫框架的动态运行机制。

图 2-35　基础爬虫框架的动态运行机制

2.9　项目小结

本项目介绍了 Python 中 urllib 库的特点及使用方式，requests 库的特点及使用方式，正则表达式的原理及使用方式，BeautifulSoup 库的特点及使用方式，Xpath 的原理及使用方式，PyQuery 库的特点及使用方式，以及基础爬虫框架的模块。

通过本项目的学习，读者能够对网络爬虫以及其相关特性有一个具体的认识与应用，重点需要读者掌握的是 Python 中网络爬虫扩展库的安装及使用方式，并会爬取对应的网页数据。

2.10　实训

本实训主要介绍 Python 中网络爬虫扩展库爬取网页数据。
（1）使用正则表达式爬取网页中的数据，代码如下：

```
import re
```

```python
import urllib.request
url = "http://www.baidu.com/"
content = urllib.request.urlopen(url).read()
res = r"<a.*?href=.*?<\/a>"
urls = re.findall(res, content.decode('utf-8'))
for u in urls:
    print(u)
```

运行部分结果如下所示。

```
    <a class="toindex" href="/">百度首页</a>
        <a href="javascript:;" name="tj_settingicon" class="pf">设置<i class="c-icon c-icon-triangle-down"></i></a>
        <a href="https://passport.baidu.com/v2/?login&tpl=mn&u=http%3A%2F%2Fwww.baidu.com%2F&sms=5" name="tj_login" class="lb" onclick="return false;">登录</a>
        <a href="http://news.baidu.com" target="_blank" class="mnav c-font-normal c-color-t">新闻</a>
        <a href="https://www.hao123.com?src=from_pc" target="_blank" class="mnav c-font-normal c-color-t">hao123</a>
        <a href="http:map.baidu.com" target="_blank" class="mnav c-font-normal c-color-t">地图</a>
        <a href="http://tieba.baidu.com/" target="_blank" class="mnav c-font-normal c-color-t">贴吧</a>
        <a href="https://haokan.baidu.com/?sfrom=baidu-top" target="_blank" class="mnav c-font-normal c-color-t">视频</a>
        <a href="http://image.baidu.com/" target="_blank" class="mnav c-font-normal c-color-t">图片</a>
        <a href="https://pan.baidu.com?from=1026962h" target="_blank" class="mnav c-font-normal c-color-t">网盘</a>
        <a href="http://www.baidu.com/more/" name="tj_briicon" class="s-bri c-font-normal c-color-t" target="_blank">更多</a>
        <a class="img-spacing" href='http://fanyi.baidu.com/' target='_blank' name='tj_fanyi'><img src='https://dss0.bdstatic.com/5aV1bjqh_Q23odCf/static/superman/img/topnav/newfanyi-da0cea8f7e.png'/><div class="s-top-more-title c-font-normal c-color-t">翻译</div></a>
        <a class="img-spacing" href='http://xueshu.baidu.com/' target='_blank' name='tj_xueshu'><img src='https://dss0.bdstatic.com/5aV1bjqh_Q23odCf/static/superman/img/topnav/newxueshuicon-a5314d5c83.png'/><div class="s-top-more-title c-font-normal c-color-t">学术</div></a>
        <a class="" href='https://wenku.baidu.com' target='_blank' name='tj_wenku'><img src='https://dss0.bdstatic.com/5aV1bjqh_Q23odCf/static/superman/img/topnav/newwenku-d8c9b7b0fb.png'/><div class="s-top-more-title c-font-normal c-color-t">文库</div></a>
```

......
......

（2）使用 requests 库爬取 Web 中的 JSON 数据，代码如下：

```
import urllib.request
import json
import requests
headers = {
    'User-Agent': 'Mozilla/5.0 (Windows NT 10.0; WOW64) AppleWebKit/537.36 (KHTML, like Gecko) Chrome/50.0.2661.102 Safari/537.36'
}
url = 'http://www.weather.com.cn/data/cityinfo/101050101.html'
r= requests.get(url)
html = r.content.decode('utf-8')
dic = json.loads(html)
we = dic['weatherinfo']
print('城市：'+ we['city'])
print('时间：'+we['ptime'])
print('天气：'+we['weather'])
print('最高温度：'+we['temp2'])
print('最低温度：'+we['temp1'])
```

该网址为 http://www.weather.com.cn/data/cityinfo/101050101.html。

运行结果如下：

```
城市：哈尔滨
时间：18:00
天气：雷阵雨转晴
最高温度：28℃
最低温度：14℃
```

2.11 习题

一、简答题

1. 简述 urllib 库的特点。
2. 简述 BeautifulSoup 库中的对象。
3. 简述 JsonPath 的常见语法。
4. 简述基础爬虫框架的模块。

二、编程题

使用 Python 3 中的扩展库编写一个爬虫程序，爬取并打印输出新浪网中的全部页面数据，网址为：https://www.sina.com.cn/。

项目 3
爬虫与数据存储

教学目标

知识目标

- 了解文件格式。
- 了解 MySQL 数据库。
- 了解 Redis 数据库与 OrientDB 数据库。
- 理解 SQL 语言。
- 熟悉 MySQL 数据库操作。

能力目标

- 会使用 SQL 语言。
- 会启动、登录和配置 MySQL 数据库。

素养目标

- 使学生认识到确保数据库完整性和重要性的意义。
- 让学生养成责任意识和安全意识。
- 让学生养成认真负责的工作态度和求真务实的科学精神。

3.1 文件格式

文件格式是指在计算机中为了存储信息而使用的对信息的特殊编码方式，用于识别内部储存的资料，如文本文件、视频文件、图像文件等。对应不同的文件类型，需要使用不同的编辑方式。例如，使用 Excel 电子表格来打开 Microsoft Excel 文件，使用 Photoshop 来打开数码相机拍摄的照片，使用 Microsoft Office PowerPoint 打开 PPT 演示文稿等。

值得注意的是，在某些情况下，人们可以使用不同的软件来运行相同的文件。

txt 是微软在操作系统上附带的一种文本格式，是最常见的一种文件格式。该格式常用记事本等程序保存，并且大多数软件都可以方便查看，如记事本、浏览器等。

CSV（逗号分隔值文件格式），也叫作"字符分隔值"。CSV 文件一般以纯文本形式存储表格数据（数字和文本）。纯文本意味着该文件是一个字符序列，不含必须像二进制数字那样被解读的数据。

3.1.1 文本文件的读写

［例 3-1］ 使用 Python 读取文本内容。

（1）新建记事本文档，命名为"1.txt"，并写入内容，显示如图 3-1 所示。

（2）运行 Python 3，命名为"1.py"，书写以下代码。

图 3-1 记事本内容

```
with open('1.txt')as file_object:
    contents=file_object.read()
    print(contents)
```

语句 open() 表示接受一个参数，用于读取要打开的文件的名称；
语句 read() 表示要读取文件的全部内容；
语句 print(contents) 表示将该文本的内容全部显示出来。

（3）运行程序，显示内容如图 3-2 所示。

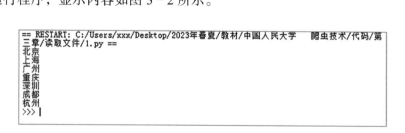

图 3-2 Python 显示记事本内容

从图 3-2 可以看出，在 Windows 系统中，可以通过运行 Python 来显示记事本中的文档内容。其中在 Python 中的内置函数 open() 运行模式如表 3-1 所示。

表 3-1　open() 函数运行模式

模式	说明
r	读取模式（默认模式），如果文件不存在则抛出异常
w	写模式，如果文件存在则先清空原有内容
x	写模式，创建新文件，如果文件已存在则抛出异常
a	追加模式，不覆盖原有内容
b	二进制模式
t	文本模式
+	读、写模式

[例 3-2] 使用 Python 往文本内容中输入数据。

代码如下：

```
with open('2.txt','w')as file_object:
    contents=file_object.write('从敦煌壁画里的飞天、到嫦娥奔月、玉兔捣药、吴刚伐桂的神话故事，38万公里外的那一轮明月是中华民族数千年来魂牵梦绕的所在。'+'\n'+'我们有梦想，但我们不耽于幻想。从嫦娥一号到嫦娥二号，再到嫦娥三号、返回飞行试验、嫦娥四号、嫦娥五号，一步一个脚印去追逐梦想，奔月的故事变成现实。'+'\n'+'2020年12月17日凌晨，历经23天的太空之旅，嫦娥五号返回器携带月球土壤样品在内蒙古四子王旗着陆场安全着陆。这是时隔44年后人类再次采回月球样品，也意味着我国探月工程"绕、落、回"三步走规划的收官之战取得圆满成功。')
    print(contents)
```

调用 open() 时提供了两个实参，第一个实参是要打开文件的名称；第二个实参（'w'）表示以写入模式打开这个文件。写入文件不存在时，函数 open() 将自动创建；但若指定文件已经存在，Python 将在返回文件对象前清空该文件，即新的写入内容会覆盖旧的。

运行该例程序之后会在程序文件所在目录发现新增了一个名为 2.txt 的文件，打开该文件将看到结果如图 3-3 所示。

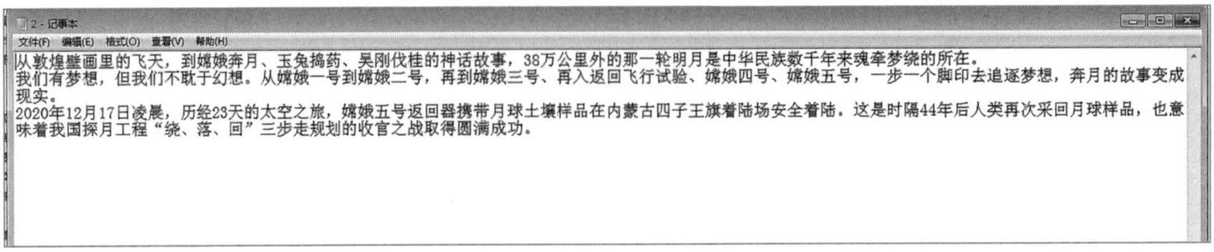

图 3-3　写入的数据

3.1.2 JSON 文件的读写

[例 3-3] 使用 JSON 存储数据。

代码如下：

```python
import json
# 存储用户的名字
username = input('What is your name? ')
filename = 'username.json'
with open(filename, 'w') as f_obj:
    json.dump(username, f_obj)   # 存储用户名于 username.json 文件中
    print("We'll remember you when you come back, " + username + "!")
# 向被存储名字的用户发出问候
with open(filename) as f_obj:
    un = json.load(f_obj)
    print("\nWelcome back, " + un + "!")
```

很多程序都要求用户输入某种信息，程序把用户提供的信息存储在列表和字典等数据结构中。用户关闭程序时，就要保存提供的信息，一种简单的方式就是使用模块 JSON 来存储数据。

模块 JSON 能将简单的 Python 数据结构存储到文件中，并在程序再次运转时加载该文件中的数据。还可以使用 JSON 在 Python 程序之间分享数据，与使用其他编程语言的用户分享。

该例运行结果如图 3-4 所示。

```
== RESTART: C:/Users/xxx/Desktop/2023年春夏/教材/中国人民大学   爬虫技术/代码/第
三章/读取文件/3.py ==
What is your name? owen
We'll remember you when you come back, owen!

Welcome back, owen!
>>>
```

图 3-4　运行结果

该例可以存储用户的名字，并且会向该用户（被存储名字的用户）发出问候。

3.1.3 CSV 文件的读写

[例 3-4] 使用 Python 生成 CSV 文件。

代码如下：

```python
import csv
with open('1.csv', 'w') as f:
    writer = csv.writer(f)
    # 写入表头，表头是单行数据
    writer.writerow(['name', 'age', 'sex'])
```

```
      data=[
        ('owen','22','male'),
        ('lacks','23','female'),
        ('rose','24','female')
         ]      # 写入这些多行数据
    writer.writerows(data)
```

- 语句“import csv”表示在 Python 中导入内置的 CSV 模块。
- 语句“with open('1.csv', 'w') as f:”表示打开并创建一个 CSV 文件，文件名为 1。
- 语句“ writer.writerow(['name', 'age', 'sex'])”表示写入表头内容，创建的表头是单行数据，分别是 name、age 和 sex。
- 语句“('owen','22','male'),”表示输入表中的数据的第二行内容。“('lacks','23','female'),”代表输入表中的第三行内容。
- 语句 writer.writerows(data) 表示执行写入的操作。

运行该程序可见创建的 CSV 文件如图 3－5 所示。

	A	B	C	D
1	name	age	sex	
2	owen	22	male	
3	lacks	23	female	
4	rose	24	female	
5				
6				
7				
8				

图 3－5　使用 Python 生成 CSV 文件

［例 3－5］　使用 Python 读取 CSV 文件。

代码如下：

```
import csv
with open("1.csv","r") as csvfile:
    reader = csv.reader(csvfile)
    #这里不需要 readlines
    for line in reader:
        print(line)
```

该例使用 Python 读取了之前生成的 1.csv 文件，代码中 csvfile 必须是支持迭代（Iterator）的对象，可以是文件（file）对象或者列表（list）对象。

运行结果如图 3－6 所示。

```
== RESTART: C:/Users/xxx/Desktop/2023年春夏/教材/中国人民大学   爬虫技术/代码/第
三章/读取文件/5.py ==
['name', 'age', 'sex']
['owen', '22', 'male']
['lacks', '23', 'female']
['rose', '24', 'female']
>>> |
```

图 3－6　Python 读取 CSV 文件

3.2 MySQL 数据库

数据库管理系统（Database Management System，DBMS）是一种操作和管理数据库的软件，它是数据库的核心，主要用于创建、使用和维护数据库。在 DBMS 中，普通用户可以登录和查询数据库，管理员可以建立和修改数据库等。

3.2.1 MySQL 的安装

用户可登陆 MySQL 的官网 www.mysql.com，点击 DOWNLOADS 按钮，进入下载页面中，下载对应操作系统的版本，本书下载的 MySQL 版本是 MySQL 5，目前常用的 MySQL 版本还包括 MySQL 8。本项目 MySQL 操作可在 MySQL 5 和 MySQL 8 完成，代码是同样的。

在本地计算机上安装好 MYSQL 后，在 Windows 命令行中输入：net start mysql 即可启动该程序。要进入 MySQL 可执行程序目录，可输入命令：mySQL-u root 即可进入 MySQL 中的命令行模式，运行如图 3-7 所示。

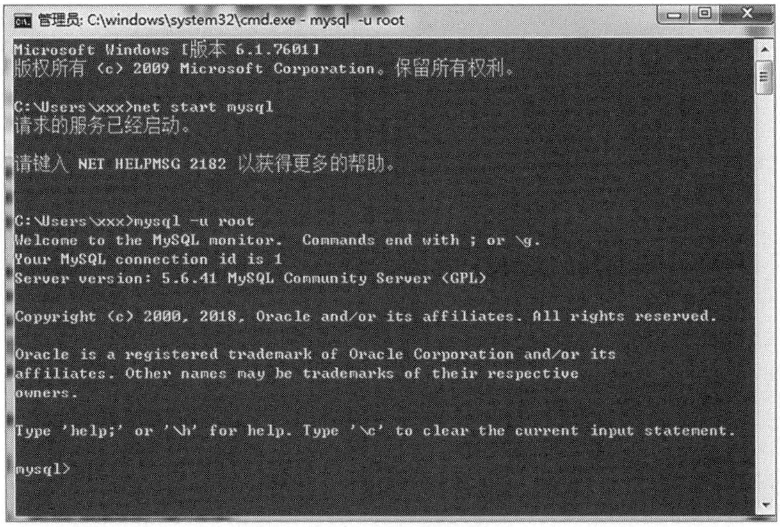

图 3-7 MySQL 的运行

想要退出该命令行模式，只需在提示符"mysql"后输入命令：quit 即可退出，如图 3-8 所示。

图 3-8 MySQL 的退出

3.2.2 MySQL 的使用

MySQL 数据库的基本操作主要分为操作 MySQL 数据库和操作 MYSQL 数据表，下面分别介绍。

［例 3-6］ 查看数据库。

想要查看 MySQL 数据库，只需输入命令：show databases，系统会自动列出已经创建好的所有数据库名称，如图 3-9 所示。

图 3-9　查看 MySQL 数据库

图 3-9 列出了一共 5 个已经创建好的数据库，其中 information_schema、mysql 和 performance_schema 这三个数据库是 MySQL 安装时系统自动创建的，MySQL 把有关的 DBMS 自身的管理信息都保存在这几个数据库中，因此用户一般不需要对这几个数据库做任何修改。而另外的两个数据库 library 和 test 是管理员创建的，可以往里面添加数据并实施管理。

［例 3-7］ 创建数据库。

用户可以自行在 MySQL 中创建数据库，只需输入命令：create database 即可，其中语句 database 表示要创建的数据库的名称，用户可自行命名。例如输入命令：create database stu，表示创建了一个数据库，该数据库的名称为 stu。

创建好数据库后，可使用语句 show databases 查看结果，运行创建和查看数据库命令结果如图 3-10、图 3-11 所示。

图 3-10　创建 MySQL 数据库 stu

图 3-11　查看已经创建好的数据库 stu

从图 3-11 可以看出，创建好的数据库 stu 已经出现在用户数据库中。

输入命令：use stu，即可进入已创建好的 stu 数据库，如图 3-12 所示。

图 3-12 进入已创建好的 stu 数据库

[例 3-8] 在数据库中创建数据表。

在 MySQL 数据库中创建数据表可以使用命令 create table 来完成，其中语句 table 后要紧跟创建的数据表的名称。

例如，在数据库 stu 中要创建学生信息表 user，命令如下：

```
create table user
(id char(6) not null primary key,
name char(6) not null,
score tinyint(1) null);
```

语句 create table user 表示创建了一个名为 user 的数据表，在 create table 语句中每个列的说明都由列名、该列的数据类型以及一些必要的附加值组成。例如 id、name 以及 score 表示列名，char(6)、tinyint(1) 表示数据类型，其中 char(6) 表示该列包含固定长度的字符串，最大值为 6 个字符；tinyint(1) 表示该列的数据类型为整型，并且占用字节为 1 位；null 表示此处数据值可以缺少，而 not null 则表示该处必须填充数据值；primary key 表示将 id 字段定义为主键。

表 3-2、表 3-3、表 3-4、表 3-5 列出了 MySQL 中的常见数据类型及其含义。表 3-6 列出了 MySQL 中数据类型的属性。

表 3-2 整数类型

整数类型	字节
tinyint	1
smallint	2
mediumint	3
int	4
bigint	8

表 3-3 浮点类型

浮点类型	字节
float	4
double	8

表 3-4 日期和时间类型

日期和时间类型	字节
date	3
time	3
year	1
datetime	8
timestamp	8

表 3-5 字符串类型

字符串类型	含义
char	定长字符串
varchar	变长字符串
tinytext	短文本数据
text	长文本数据
mediumtext	中等长度文本数据
longtext	极大长度文本数据

表 3-6 MySQL 中数据类型的属性

MySQL 中数据类型的属性	含义
null	数据列可为空值
not null	数据列不可为空值
default	默认值
primary key	主键
unsigned	无符号
auto_increment	自动递增
character set name	指定一个字符集

在 MySQL 数据库中，想要查看已经创建好的数据表，可以使用命令 show tables 来实现。例如，要查看 stu 数据表，输入命令：show tables，运行结果如图 3-13 所示。

图 3-13 查看已创建好的数据表

图 3－13 只显示数据表 user 的名称，没有显示该数据表的具体信息，如果想查看该数据表的详细信息，可使用命令 describe user 来进一步了解 user 表的字段及数据类型，运行该命令如图 3－14 所示。

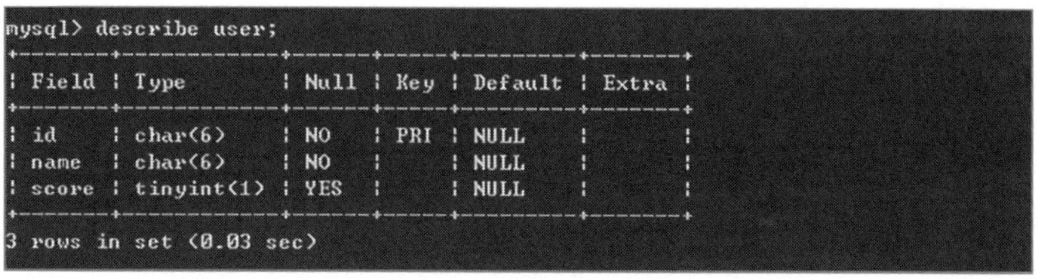

```
mysql> describe user;
+-------+------------+------+-----+---------+-------+
| Field | Type       | Null | Key | Default | Extra |
+-------+------------+------+-----+---------+-------+
| id    | char(6)    | NO   | PRI | NULL    |       |
| name  | char(6)    | NO   |     | NULL    |       |
| score | tinyint(1) | YES  |     | NULL    |       |
+-------+------------+------+-----+---------+-------+
3 rows in set (0.03 sec)
```

图 3－14　查看已创建好的数据表详细信息

3.2.3　MySQL 的常见命令

（1）创建一个名称为 mydb1 的数据库，代码如下：

```
create database mydb1;
```

（2）查看所有数据库，代码如下：

```
show databases;
```

（3）创建一个使用 utf8 字符集的 mydb2 数据库，代码如下：

```
create database mydb2 character set utf8;
```

（4）创建一个使用 utf8 字符集，并带校对规则的 mydb3 数据库，代码如下：

```
create database mydb3 character set utf8 collate utf8_general_ci;
```

（5）显示库的创建信息，代码如下：

```
show create database mydb3;
```

（6）删除前面创建的 mydb1 数据库，代码如下：

```
drop database mydb1;
```

（7）查看服务器中的数据库，并把其中某一个库的字符集修改为 gb2312，代码如下：

```
alter database mydb2 character set gb2312;
show create database mydb2;
```

（8）创建一个员工表，代码如下：

```
use mydb1;  进入库
```

```
create table employee
(
    id int,
    name varchar(20),
    gender varchar(4),
    birthday date,
    entry_date date,
    job varchar(40),
    salary double,
    resume text
)character set utf8 collate utf8_general_ci;
```

（9）查看库中所有表，代码如下：

```
show tables;
```

（10）查看表的创建细节，代码如下：

```
show create table employee;
```

（11）查看表的结构，代码如下：

```
desc employee;
```

（12）在上面员工表中增加一个 image 列，代码如下：

```
alter table employee add image blob;
```

（13）修改 job 列，使其长度为 60，代码如下：

```
alter table employee modify job varchar(60);
```

（14）删除 sex 列，代码如下：

```
alter table employee drop gender;
```

（15）表名改为 user，代码如下：

```
rename table employee to user;
```

（16）修改表的字符集为 gb2312，代码如下：

```
alter table user character set gb2312;
show create table user;
```

（17）列名 name 修改为 username，代码如下：

```
alter table user change column name username varchar(20);
```

（18）使用 insert 语句向表中插入一个员工的信息，代码如下：

```
insert into employee(id,username,birthday,entry_date,job,salary,resume)
values(1,'aaa','1980-09-09','1980-09-09','bbb',1000,'bbbbbbbb');
```

（19）查看插入的数据，代码如下：

```
select * from employee;
```

（20）使用 insert 语句向表中插入一个员工的信息，代码如下：

```
insert into employee(id,username,birthday,entry_date,job,salary,resume)
values(2,'小李','1980-09-09','1980-09-09','bbb',1000,'bbbbbbbb');
```

（21）插入失败后的解决方案，代码如下：

```
show variables like 'chara%';
set character_set_client=gb2312;
```

（22）显示失败后的解决方案，代码如下：

```
set character_set_results=gb2312;
```

（23）将所有员工薪水修改为 5000 元，代码如下：

```
update employee set salary=5000;
```

（24）将姓名为 'aaa' 的员工薪水修改为 3000 元，代码如下：

```
update employee set salary=3000 where username='aaa';
```

（25）将姓名为 'aaa' 的员工薪水修改为 4000 元，job 改为 ccc，代码如下：

```
update employee set salary=4000,job='ccc' where username='aaa';
```

（26）将 'aaa' 的薪水在原有基础上增加 1000 元，代码如下：

```
update employee set salary=salary+1000 where username='aaa';
```

（27）删除表中名称为 '小李' 的记录，代码如下：

```
delete from employee where username='小李';
```

（28）删除表中所有记录，代码如下：

```
delete from employee;
```

（29）使用 truncate 删除表中记录，代码如下：

truncate table employee;

（30）查询表中所有学生的信息，代码如下：

select id,name,chinese,english,math from student;
select * from student;

（31）查询表中所有学生的姓名和对应的英语成绩，代码如下：

select name,english from student;

（32）过滤表中重复数据，代码如下：

select distinct english from student;

（33）在所有学生的英语分数上加 10 分特长分，代码如下：

select name,english+10 from student;

（34）统计每个学生的总分，代码如下：

select name,(english+chinese+math) from student;

（35）使用别名表示学生分数，代码如下：

select name as 姓名,(english+chinese+math) as 总分 from student;
select name 姓名,(english+chinese+math) 总分 from student;

（36）查询姓名为王五的学生成绩，代码如下：

select * from student where name='王五';

（37）查询英语成绩大于 90 分的同学，代码如下：

select * from student where english>90;

（38）查询总分大于 200 分的同学，代码如下：

select * from student where (english+chinese+math)>200;

（39）查询英语分数在 80～90 分的同学，代码如下：

select * from student where english>80 and english<90;
select * from student where english between 80 and 90;

（40）查询数学分数为 89、90、91 的同学，代码如下：

select * from student where math=89 or math=90 or math=91;
select * from student where math in(89,90,91);

（41）查询所有姓李的学生成绩，代码如下：

select * from student where name like '李%';

（42）对数学成绩排序后输出，代码如下：

select name,math from student order by math;

（43）对总分排序后输出，然后再按从高到低的顺序输出，代码如下：

select name from student order by (math+english+chinese) desc;

（44）对姓李的学生成绩排序输出，代码如下：

select name 姓名,(math+english+chinese) 总分 from student where name like '李%' order by (math+english+chinese) desc;

（45）统计一个班级共有多少学生，代码如下：

select count(*) from student;
select count(name) from student;

（46）统计数学成绩大于 90 的学生有多少个，代码如下：

select count(*) from student where math>90;

（47）统计总分大于 250 的人数有多少，代码如下：

select count(*) from student where (math+english+chinese)>250;

（48）统计一个班级数学总成绩，代码如下：

select sum(math) from student;

（49）统计一个班级语文、英语、数学各科的总成绩，代码如下：

select sum(math),sum(chinese),sum(english) from student;

（50）统计一个班级语文、英语、数学的成绩总和，代码如下：

select sum(chinese+math+english) from student;

(51)求一个班级语文成绩平均分,代码如下:

```
select sum(chinese)/count(chinese) from student;
```

(52)求一个班级数学平均分,代码如下:

```
select avg(math) from student;
```

(53)求一个班级总分平均分,代码如下:

```
select avg(chinese+english+math) from student;
```

(54)求班级最高分和最低分,代码如下:

```
select max(chinese+english+math),min(chinese+english+math) from student;
```

(55)对订单表中商品归类后,显示每一类商品的总价,代码如下:

```
select product from orders group by product;
select product,sum(price) from orders group by product;
```

(56)查询购买了几类商品,并且每类总价大于100的商品,代码如下:

```
select product from orders  group by product having sum(price)>100;
```

3.3 Redis 数据库

NoSQL 和数据库管理系统(RDBMS)相比,NoSQL 不使用 SQL 作为查询语言,其存储也可以不需要固定的表模式,用户操作 NoSQL 时通常会避免使用 RDBMS 的 JION 操作。NoSQL 数据库一般都具备水平可扩展的特性,并且可以支持超大规模数据存储,灵活的数据模型也可以很好地支持 Web 2.0 应用,此外还具有强大的横向扩展能力。

典型的 NoSQL 数据库包含以下 4 种:键值数据库、列族数据库、文档数据库和图形数据库。值得注意的是,每种类型的数据库都能够解决传统关系数据库无法解决的问题。

3.3.1 Redis 简介

Redis 是完全开源免费的、使用 ANSI C 语言编写、遵守 BSD 协议的一个高性能的 Key-Value 数据库,也是当前最热门的 NoSQL 数据库之一。Redis 的性能十分优越,可以支持每秒十几万次的读/写操作,并且支持集群、分布式、主从同步等配置,还支持一定事务能力。

Redis 的出现,很大程度上补偿了 memcached 这类 key/value 存储的不足,在部分场合可以对关系数据库起到很好的补充作用。它提供了 Java，C/C++，C#，PHP，JavaScript，Perl，Object-C，Python，Ruby 等客户端，使用方便。

Redis 的出色之处不仅仅是性能，其最大的魅力是支持保存多种数据结构。

Redis 的主要缺点是数据库容量受到物理内存的限制，不能用作海量数据的高性能读写，因此 Redis 适合的场景主要局限在较小数据量的高性能操作和运算上。

Redis 的优点如下：

- 支持持久化，重启机器后可以将磁盘数据加载到内存中。
- 支持多种数据类型，包括：字符串（String）、哈希（Hash）、列表（List）、集合（Sets）和有序集合（sorted set）等类型。
- 支持主从数据同步。
- 支持原子性，Redis 所有操作都是原子性的，并且支持多个操作的事务提交。

3.3.2 Redis 安装与使用

Redis 安装与使用参考以下步骤。

（1）进入 Github 下载地址：https://github.com/MicrosoftArchive/redis/releases，下载"Redis-x64-3.2.100"到本地计算机中并解压，路径为 D:\Redis-x64-3.2.100 (1)，如图 3‐15 所示。

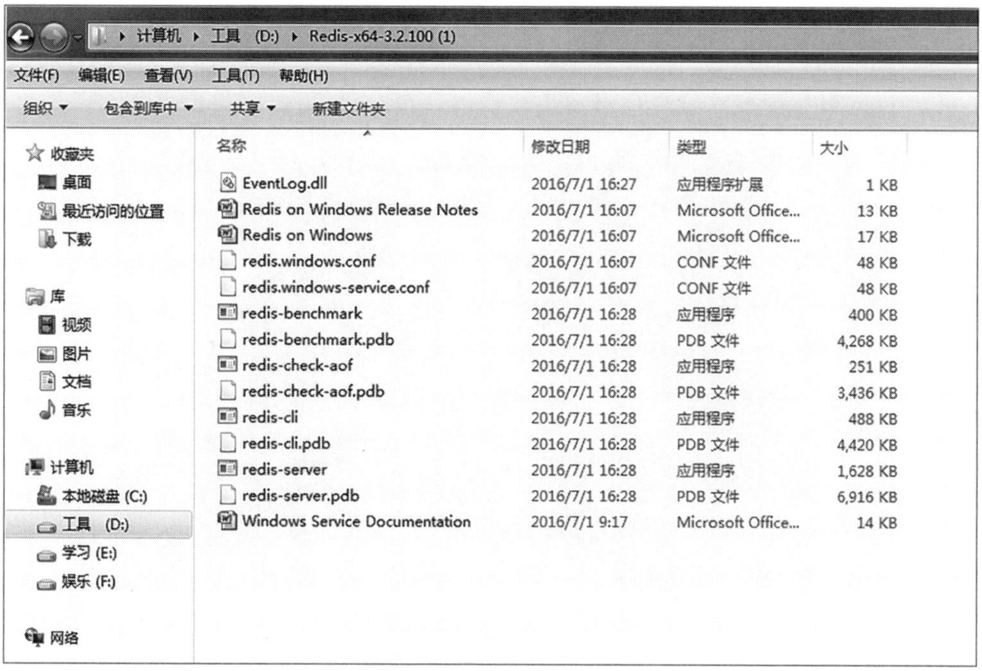

图 3‐15　下载并解压 Redis

（2）打开 cmd 指令窗口，进入到解压的 Redis 文件路径，并输入命令：redis-server redis.windows.conf，如图 3‐16 所示。

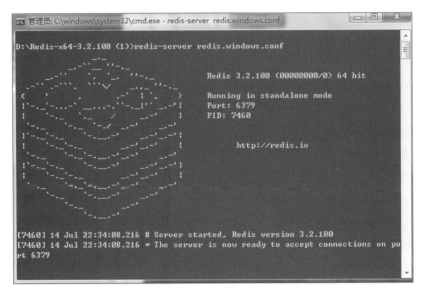

图 3-16　开启 Redis 界面

（3）部署 Redis 为 windows 下的服务。首先关掉上一个窗口，再重新打开一个新的 cmd 命令窗口，然后输入命令：redis-server --service-install redis.windows.conf，如图 3-17 所示。

图 3-17　安装 Redis 界面

（4）右击"我的电脑"，进入"计算机管理"界面中，并选中"服务和应用程序"，如图 3-18 所示。

（5）在弹出的对话框中双击"服务"图标，启动 Redis 服务，如图 3-19 所示。

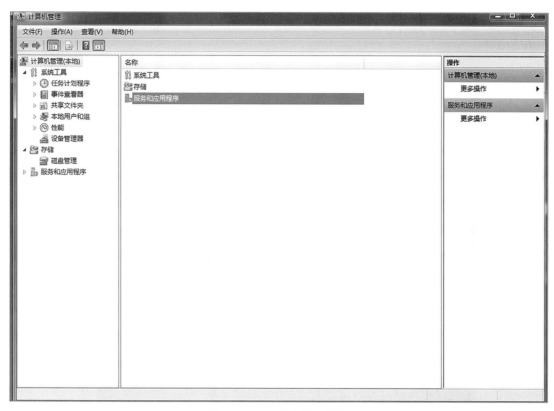

图 3-18 计算机管理界面

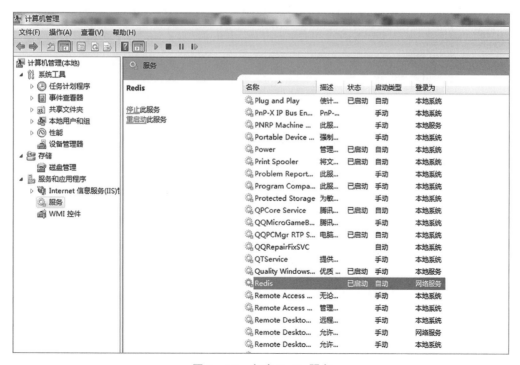

图 3-19 启动 Redis 服务

（6）测试 Redis 服务的运行。打开 cmd 指令窗口，进入解压的 Redis 文件路径，输入命令如下：

```
redis-cli
```

其中 redis-cli 是客户端程序，图 3-20 显示正确端口号，则表示服务已经启动。

图 3-20　Redis 服务已经启动

（7）运行 Redis，输入以下命令：

```
set a 123
get a
```

命令 set 表示设置键值对，命令 get 表示取出键值对，运行如图 3-21 所示。

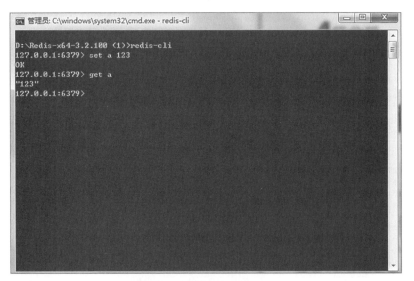

图 3-21　运行 Redis

（8）创建键值对 x，并用命令"del"删除，如图 3-22 所示。

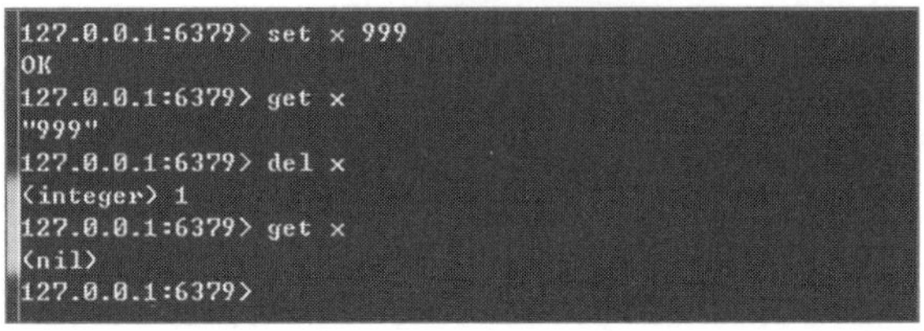

图 3-22　创建、删除键值对

（9）分别创建三个键值对，如图3-23所示。

```
127.0.0.1:6379> set a owen
OK
127.0.0.1:6379> set b messi
OK
127.0.0.1:6379> set c alex
OK
```

图3-23　创建三个键值对

（10）使用命令"flushdb"删除全部键值对，如图3-24所示。

```
127.0.0.1:6379> flushdb
OK
127.0.0.1:6379> get a
(nil)
127.0.0.1:6379> get b
(nil)
127.0.0.1:6379> get c
(nil)
127.0.0.1:6379>
```

图3-24　使用命令"flushdb"删除全部键值对

（11）创建键值对a，使用命令"getrange a 0 2"获取a中值为0～2的字符串，如图3-25所示。

```
127.0.0.1:6379> get a
"123456"
127.0.0.1:6379> getrange a 0 2
"123"
127.0.0.1:6379>
```

图3-25　使用命令"getrange a 0 2"获取a中值为0～2的字符串

（12）创建键值对b，并用命令"mget a b"同时获取多个值，如图3-26、图3-27所示。

```
127.0.0.1:6379> set b alen
OK
```

图3-26　创建键值对b

```
127.0.0.1:6379> mget a b
1) "123456"
2) "alen"
127.0.0.1:6379>
```

图3-27　用命令"mget a b"同时获取多个值

（13）返回键a存储的字符串的长度，如图3-28所示。

```
127.0.0.1:6379> strlen a
(integer) 6
127.0.0.1:6379>
```

图3-28　返回键a存储的字符串的长度

（14）用命令"exists"判断给定的键是否存在，分别用0和1显示，如图3-29所示。

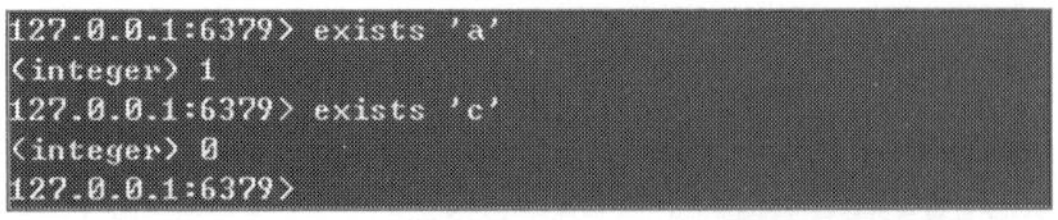

图 3-29 用命令"exists"判断给定的键是否存在

（15）发布订阅消息，首先打开两个 redis-cli 客户端。在第一个中输入命令，如图 3-30 所示。

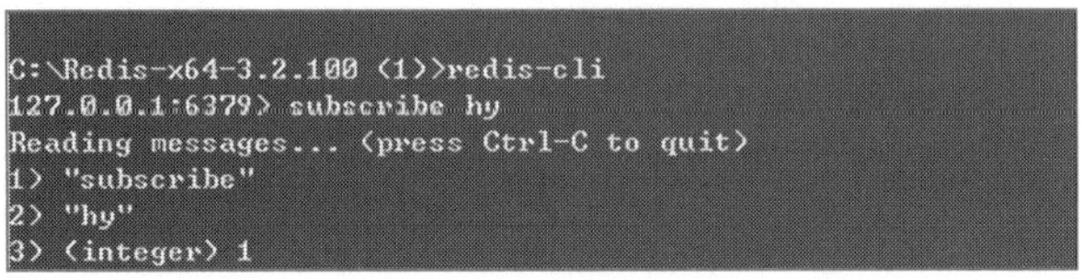

图 3-30 输入命令

在打开的第二个 redis-cli 客户端中，在同一个频道发布消息，如图 3-31 所示。订阅者就能接收到消息。

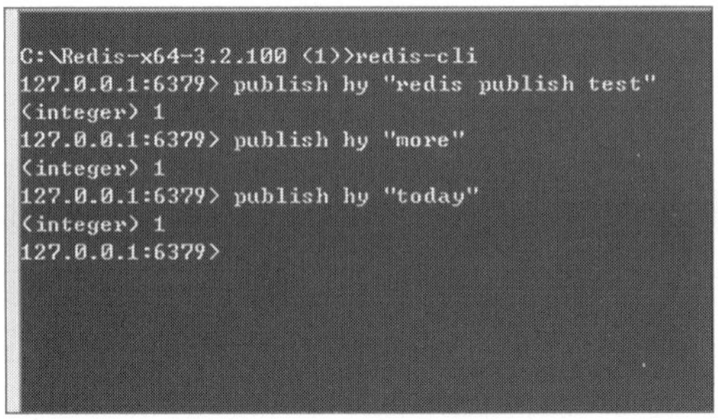

图 3-31 发布消息

在第一个 redis-cli 客户端中，订阅者就能接收到消息，如图 3-32 所示。

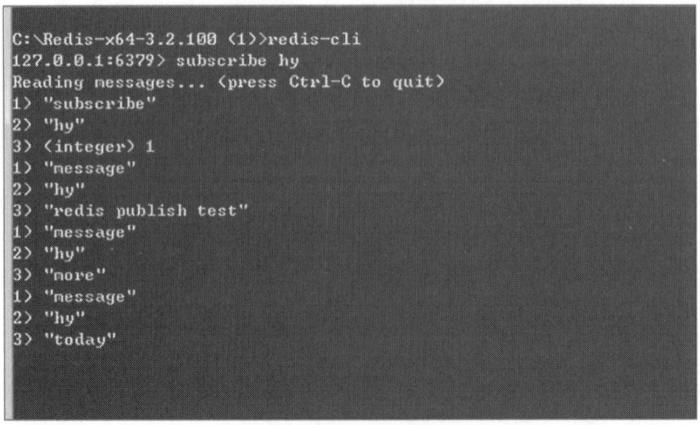

图 3-32 收到消息

（16）在 redis-cli 客户端中输入命令：info，即可查看服务器信息，如图 3-33 所示。

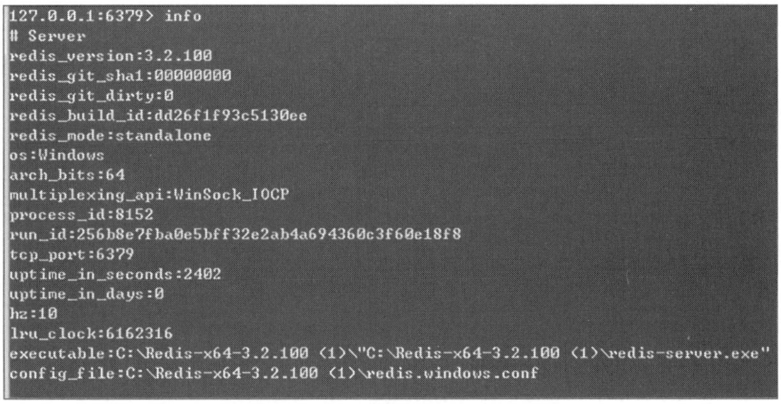

图 3-33　查看服务器信息

3.4　OrientDB 数据库

OrientDB 是一个开源 NoSQL 数据库管理系统。OrientDB 属于 NoSQL 系列，第二代分布式数据库。在 OrientDB 之前，市场上有几个 NoSQL 数据库，其中一个是 MongoDB。MongoDB 和 OrientDB 包含许多常见功能，但引擎是不同的。MongoDB 是纯文档数据库，OrientDB 是一个具有图形引擎的混合文档。

3.4.1　OrientDB 简介

OrientDB 是一个开源的多模型 NoSQL 数据库，支持原生图形、文档全文、响应性、地理空间和面向对象等概念。它使用 Java 编写，速度非常快，在普通硬件上，每秒可存储 220 000 条记录。对于文档数据库，它还支持 ACID 事务处理。

表 3-7 列出了 MongoDB 与 OrientDB 的区别。

表 3-7　MongoDB 与 OrientDB 的区别

特性	MongoDB	OrientDB
关系	使用 RDBMS JOINS 创建实体之间的关系。具有高运行时的成本，并且当数据库规模增加时不扩展	嵌入和连接文档，如关系数据库；它使用从图形数据库世界采取的直接、超快速链接
Fetch Plan	成本高的加入操作	轻松返回带有互连文档的完整图形
事务	不支持 ACID 事务，但它支持原子操作	支持 ACID 事务和原子操作
查询语言	具有基于 JSON 自己的语言	查询语言建立在 SQL 基础上
索引	对所有索引使用 B 树算法	支持三种不同的索引算法，使用户可以实现最佳性能
存储引擎	使用内存映射技术	使用存储引擎名称 LOCAL 和 PLOCAL

OrientDB 的主要特点是支持多模型对象，即它支持不同的模型，如文档、图形、键/值和真实对象。例如，OrientDB 图数据库的想法来自属性图，顶点和边是 Graph 模型的主要工件，它们包含属性，这些属性可以使它们看起来类似于文档。

（1）Class（类）。Class 用于定义数据结构的模型。类是一种数据模型，概念是从面向对象的编程范例中抽取出来的。作为一个概念，OrientDB 中的类与关系数据库中的表具有最接近的关系，但是类可以是无模式的、模式完整的或混合的（与表不同）。类可以从其他类继承，并且每个类都有自己的一个或多个集群（默认情况下创建，如果没有定义）。

（2）Record。Record 是 OrientDB 中最小的加载和存储的单位。

（3）Document（文档）。Document 是 OrientDB 中最灵活的 Record，文档由具有定义的约束的模式类定义，但文档可以通过以 JSON 格式导出和导入轻松处理。

（4）Vertex（顶点）。在 OrientDB 的 Graph 模型下，每个结点叫作 Vertex，每个 Vertex 也是一个 Document，在 OrientDB 中顶点的基类是 V。

（5）Edge（边）。在 OrientDB 的 Graph 模型下，连接两个 Vertex 的边叫作 Edge，Edge 是有向性的，而且仅能连接两个 Vertex。

（6）Clusters（集群）。集群是用于存储记录、文档或顶点的重要概念。简单来说，Cluster 是存储一组记录（Record）的地方。每个数据库最多有 32 767 个 Cluster，每个 Class 都必须至少有一个对应的 Cluster。

（7）RecordID。当 OrientDB 生成记录时，数据库服务器自动为记录分配单位标识符，称为"RecordID"（RID）。每个 Record 都有一个 RecordID。

（8）关系。OrientDB 支持两种关系：引用关系和嵌入关系。引用关系意味着它存储到关系的目标对象的直接链接。嵌入关系意味着它在嵌入它的记录中存储关系。

3.4.2　OrientDB 安装与使用

OrientDB 安装与使用参考以下步骤。

（1）OrientDB 下载。下载地址：https://orientdb.org/download，如图 3-34 所示，在此页面中单击 Download 按钮，下载 OrientDB。

（2）查看 OrientDB 目录结构。OrientDB 下载目录结构如图 3-35 所示。

（3）进入 bin 目录中，如图 3-36 所示，双击"server"启动 OrientDB 服务。成功启动 OrientDB 服务后运行界面如图 3-37 所示。

值得注意的是：该窗口需要一直开启。

（4）启动 OrientDB 服务后，设置密码为"123456"，默认使用的用户名（User）为"root"。设置密码界面如图 3-38 所示。

图 3-34　OrientDB 下载界面

图 3-35　OrientDB 目录结构

图 3-36　启动 OrientDB 服务

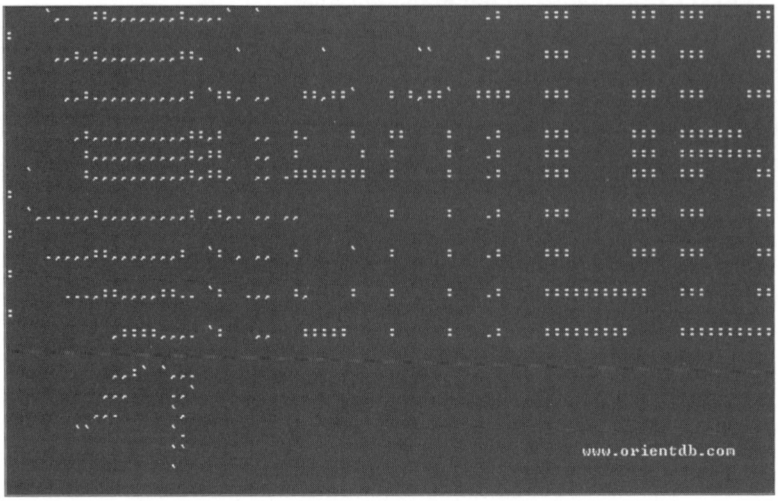

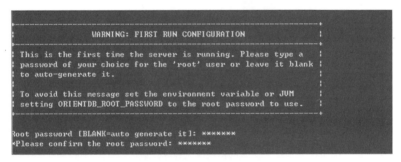

图3-37　OrientDB运行界面

图3-38　设置密码界面

（5）在浏览器中输入http://localhost:2480，在User处输入"root"，在Password处输入"123456"，如图3-39所示。

图3-39　浏览器界面

（6）单击"CONNECT"按钮后出现安装成功界面，如图3-40所示。

（7）在OrientDB的bin目录中双击"console"图标，如图3-41所示，启动OrientDB。

图 3-40 安装成功界面

名称	修改日期	类型	大小
backup.sh	2022/1/4 12:01	SH 文件	5 KB
console	2022/1/4 12:01	Windows 批处理文件	2 KB
console.sh	2022/1/4 12:01	SH 文件	2 KB
dserver	2022/2/14 15:23	Windows 批处理文件	4 KB
dserver.sh	2022/2/14 15:23	SH 文件	5 KB
oetl	2022/1/4 12:01	Windows 批处理文件	2 KB
oetl.sh	2022/1/4 12:01	SH 文件	3 KB
orientdb.service	2022/1/4 12:01	SERVICE 文件	1 KB
orientdb.sh	2022/1/4 12:01	SH 文件	2 KB
orientdb.upstart	2022/1/3 12:54	UPSTART 文件	1 KB
server	2022/2/14 15:23	Windows 批处理文件	4 KB
server.sh	2022/2/14 15:23	SH 文件	5 KB
shutdown	2022/1/4 12:01	Windows 批处理文件	2 KB
shutdown.sh	2022/1/4 12:01	SH 文件	2 KB

图 3-41 启动 OrientDB

(8) 进入 OrientDB 运行界面，如图 3-42 所示。

```
OrientDB console v.3.2.5 (build c4298657c01683192ba0b7bfffdf82226c164506, branch UNKNOWN) https://www.orientdb.com
Type 'help' to display all the supported commands.
orientdb>
```

图 3-42 OrientDB 运行界面

(9) 创建数据库 user，语句为：create database remote：localhost/user root 123456，如图 3-43 所示。用户可继续创建其他数据库。

```
orientdb {server=remote:localhost/user}> create database remote:localhost/user root 123456
Creating database [remote:localhost/user] using the storage type [PLOCAL]...
Database created successfully.
Current database is: remote:localhost/user
orientdb {db=user}>
```

图 3-43 创建数据库

(10) 列出所有数据库，语句为：list databases，如图 3-44 所示。

(11) 插入一条记录并查询结果，如图 3-45 所示。

```
orientdb {db=user}> list databases

Found 3 databases:

* demodb
* mount
* user

orientdb {db=user}>
```

图 3 - 44　列出所有数据库

```
orientdb {db=user}> insert into person(id ,name,score) values("001","tom","78")

Inserted record '[person#18:0{id:001,name:tom,score:78} v1]' in 2.379000 sec(s).

orientdb {db=user}> select * from person

+----+------+------+----+----+-----+
|#   |@RID  |@CLASS|id  |name|score|
+----+------+------+----+----+-----+
|0   |#18:0|person|001 |tom |78   |
+----+------+------+----+----+-----+

1 item(s) found. Query executed in 0.01 sec(s).
```

图 3 - 45　插入一条记录并查询结果

（12）继续插入一条新记录并查询结果，如图 3 - 46 所示。

```
orientdb {db=user}> insert into person(id ,name,score) values("002","kante","88"
)

Inserted record '[person#19:0{id:002,name:kante,score:88} v1]' in 0.000000 sec(s
).

orientdb {db=user}> select * from person

+----+------+------+----+-----+-----+
|#   |@RID  |@CLASS|id  |name |score|
+----+------+------+----+-----+-----+
|0   |#18:0|person|001 |tom  |78   |
|1   |#19:0|person|002 |kante|88   |
+----+------+------+----+-----+-----+

2 item(s) found. Query executed in 0.0 sec(s).
```

图 3 - 46　继续插入一条记录并查询结果

（13）打开网址：http://localhost:2480，在 Database 中选择“user”，设置 User 为“root”，设置 Password 为“123456”，并单击“CONNECT”按钮，如图 3 - 47 所示。

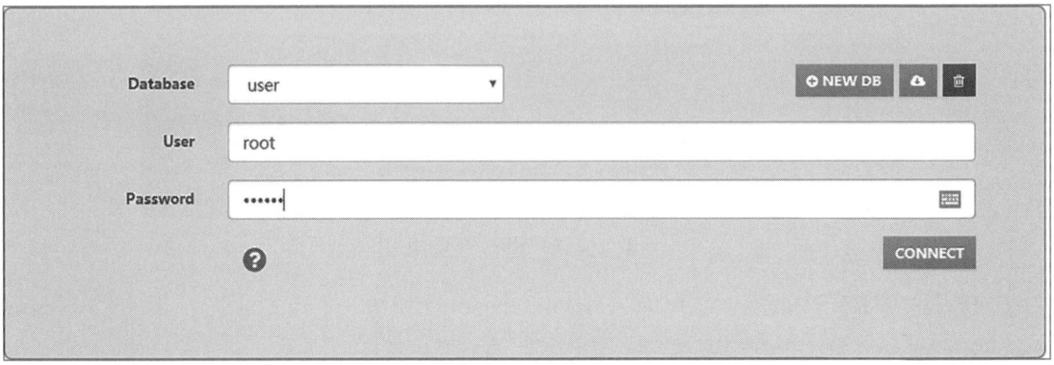

图 3 - 47　打开网址界面

（14）在打开的界面中输入查询语句：输入 select * from person，单击"RUN"按钮，查看已经创建好的数据，如图 3-48 所示。

图 3-48　查看数据

（15）单击 @rid 下方的"#18:0"，@rid 代表新记录的 ID，可查看该记录 ID 的所有信息，如图 3-49 所示。

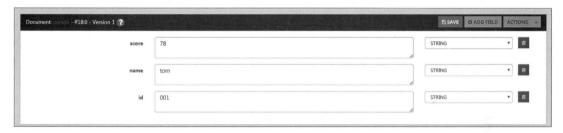

图 3-49　查看信息

（16）查看文档结构如下所示：

```
{
    "@type": "d",
    "@rid": "#18:0",
    "@version": 1,
    "@class": "person",
    "score": "78",
    "name": "tom",
    "id": "001"
},
{
    "@type": "d",
    "@rid": "#19:0",
    "@version": 1,
    "@class": "person",
    "score": "88",
    "name": "kante",
    "id": "002"
}
```

3.5 Python 操作 MySQL 数据库

3.5.1 扩展库的安装

爬虫通过解析网页获取页面中的数据后，还需要将获得的数据存储下来供后续分析使用。使用 PyMySQL 库将 BeautifulSoup 库获取的数据存入 MySQL 数据库。本书采用 Python 作为网页爬虫工具，将网页中爬取的数据存储到 MySQL 数据库。

Python 操作 MySQL 数据是通过第三方 API 库 PyMySQL 实现的，PyMySQL 是从 Python 连接到 MySQL 数据库服务器的接口。简单理解就是，PyMySQL 是 Python 操作 MySQL 数据库的第三方模块。可以理解为可以在 Python 中连接数据库执行 MySQL 命令。

（1）安装 PyMySQL。

方法一：直接在 PyCharm 编译器里面输入 pip install pymysql。

方法二：win+r --> 输入 cmd --> 在里面输入 pip install pymysql。

在 Windows 终端窗口执行 pip install pymysql，计算机必须先安装好 Python 编译器。安装过程如图 3-50 所示。

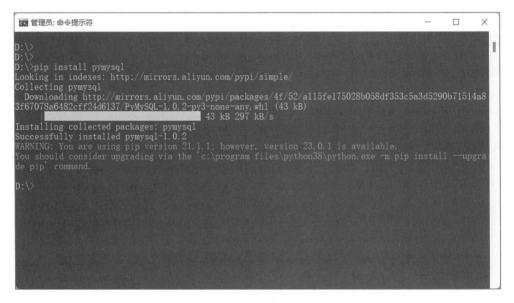

图 3-50　Python 安装 PyMySQL 库

在 cmd 中输入 pip list 后按回车键，找到安装的 PyMySQL 就表示安装成功了。

（2）PyMySQL 操作数据库。

这里通过 PyMySQL 的 Connect 方法声明一个 MySQL 连接对象 db，此时需要传入 MySQL 运行的 host（即 IP）。由于 MySQL 在本地运行，所以传入的是 localhost。如果 MySQL 在远程运行，则传入其公网 IP 地址。后续的参数 user 即用户名，password 即密码，port 即端口（默认为 3306）。

连接成功后，需要再调用 cursor 方法获得 MySQL 的操作游标，利用游标来执行 SQL 语句。这里我们执行了两句 SQL，直接用 execute 方法执行即可。第一句 SQL 用于获得 MySQL 的当前版本，然后调用 fetchone 方法获得第一条数据，也就得到了版本号。第二句 SQL 执行创建数据库的操作，数据库名叫作 spiders，默认编码为 utf8。由于该语句不是查询语句，所以直接执行后就成功创建了数据库 spiders。接着，再利用这个数据库进行后续的操作。

1）连接数据库。使用 Connect 方法连接数据库，代码如下：

```
pymysql.Connections.Connection(host=None, user=None, password='', database=None, port=0, charset='')
```

参数说明：
- host—数据库服务器所在的主机。
- user—登录用户名。
- password—登录用户密码。
- database—连接的数据库。
- port—数据库开放的端口（默认：3306）。
- charset—连接字符集。

返回值：
返回连接对象
例如：

```
link = pymysql.Connect(host='localhost', port=3306, user='root', password='123456', db='shop', charset='utf8')
```

PyMySQL 连接对象方法见表 3-8，PyMySQL 创建游标方法见表 3-9。

表 3-8 PyMySQL 连接对象方法

方法	说明
begin()	开启事务
commit()	提交事务
cursor(cursor=None)	创建一个游标用来执行 SQL 语句
rollback()	回滚事务
close()	关闭连接
select_db(db)	选择数据库

表 3-9 PyMySQL 创建游标方法

方法	说明
close()	关闭游标
execute(query, args=None)	执行单条语句，传入需要执行的语句，是 string 类型；同时可以给查询传入参数，参数可以是 tuple、list 或 dict。执行完成后，会返回执行语句的影响行数。
fetchone()	取一条数据
fetchmany(n)	取多条数据
fetchall()	取所有数据

2）创建游标。

```
cursor = link.cursor()
print(cursor.rowcount)    # 打印受影响行数
```

3）执行 SQL 语句。

```
# 执行 SQL 语句
sql = 'select * from user'
# 执行完 SQL 语句，返回受影响的行数
num = cursor.execute(sql)
```

4）获取结果集。

```
result1 = cursor.fetchone()
print(result1)
```

5）关闭连接。

```
cursor.close()
link.close()
```

[例 3-9] 创建 MySQL 数据库和数据表并使用 Python 往数据表中添加记录。

（1）该例使用 Python 往 user 数据表中插入新的记录，使用 SQL 命令如下：

sql="insert into 数据表名 ()values()"

其中语句 insert into 表示往数据表中插入记录，数据表名 () 表示要插入记录的表名称及表字段，values() 表示要插入的数据值。插入记录操作如图 3-51 所示。

```
>>> import pymysql
>>> db=pymysql.connect("localhost","root","","stu")
>>> cursor=db.cursor()
>>> sql="insert into user(id ,name,score) values('050101','leslie','81')"
>>> cursor.execute(sql)
1
>>> db.commit()
>>> cursor.close()
>>> db.close()
```

图 3-51 Python 在 MySQL 数据库表中插入记录

该例在 user 数据表中插入一条新记录，对应的数据值分别是：

id: 050101
name: leslie
score: 81

运行结果如图 3-52 所示。

```
>>> import pymysql
>>> db=pymysql.connect("localhost","root","","stu")
>>> cursor=db.cursor()
>>> cursor.execute("select * from user")
2
>>> data=cursor.fetchall()
>>> print(data)
(('050100', 'john', 89), ('050101', 'leslie', 81))
```

图 3-52　显示插入的记录

（2）同时插入多条记录。如要往 user 数据表中同时插入多条记录，可使用命令如下：

executemany()

该例同时插入了两条记录，分别是：

("050102","tom","67")
("050103","lucy","86")

执行该操作如图 3-53 所示，运行结果如图 3-54 所示。

```
>>> import pymysql
>>> db=pymysql.connect("localhost","root","","stu")
>>> cursor=db.cursor()
>>> sql="insert into user(id,name,score) values(%s,%s,%s)"
>>> cursor.executemany(sql,[("050102","tom","67"),("050103","lucy","86")])
2
>>> db.commit()
>>> cursor.close()
>>> db.close()
```

图 3-53　同时插入多条记录

```
>>> import pymysql
>>> db=pymysql.connect("localhost","root","","stu")
>>> cursor=db.cursor()
>>> cursor.execute("select * from user")
4
>>> data=cursor.fetchall()
>>> print(data)
(('050100', 'john', 89), ('050101', 'leslie', 81), ('050102', 'tom', 67), ('0501
03', 'lucy', 86))
```

图 3-54　显示插入的记录

（3）依次显示插入的每一条记录。如果想要依次显示在 user 数据表中插入的每一条数据，可使用方法 fetchone() 来实现，运行如图 3-55 所示。

从图 3-55 可以看出，每执行一次 fetchone() 就可以显示一条数据，并且每次显示的数据都不同，这是因为每执行一次 fetchone()，游标会从表中的第一条数据移动到下一条数据的位置。此外，也可以用其他语句来表示：

图 3-55 依次显示插入的每一条记录

```
data=cursor.fetchone()
print (data)
```

运行结果如图 3-56 所示。

图 3-56 使用语句 print（data）显示插入的记录

从图 3-56 可以看出，每次执行完语句 print（data），都会依次显示下一条数据。

3.5.2 Python 操作 MySQL 实例

该实例使用爬虫爬取数据并存入 MySQL 数据库。

以东方财富网上的股票数据为例，网页：https://data.eastmoney.com/zjlx/000037.html，网页内容如图 3-57 所示。

（1）创建数据库中的数据表。

代码如下：

```
import requests
import pandas as pd
import re
import pymysql

db = pymysql.connect(host='localhost', user='root', password='123456', db='pymysql', port=3306, charset='utf8')
```

图 3-57 网页内容

```
cursor = db.cursor()                              # 建立游标
cursor.execute("DROP TABLE IF EXISTS dfcf")       # 如果有表叫 dfcf, 删除表
sql = """
        create table dfcf(
        日期 char(20) not null,
        主力净流入净额 char(20),
        小单净流入净额 char(20),
        中单净流入净额 char(20),
        大单净流入净额 char(20),
        超大单净流入净额 char(20) ,
        主力净流入净占比 char(20),
        小单净流入净占比 char(20),
        中单净流入净占比 char(20),
        大单净流入净占比 char(20),
        超大单净流入净占比 char(20),
        收盘价 char(20),
        涨跌幅 char(20))
        """
try:# 如果出现异常,对异常处理
    # 执行 SQL 语句
```

```
        cursor.execute(sql)
        print(" 创建数据库成功 ")
except Exception as e:
        print(" 创建数据库失败：case%s" % e)
```

导入 PyMySQL，连接到 PyMySQL 数据库，开启游标功能，创建游标对象（注意：当开启游标功能执行 SQL 语句后，系统并不会将结果直接打印到屏幕上，而是将上述得到的结果找个地方存储起来，提供一个游标接口给我们，当需要获取数据的时候，就可以从中拿数据），使用 SQL 语句建立数据表时，设计的字段名、类型不能为空值。使用 execute() 方法，执行 SQL 语句。在程序编写中，如果对某些代码的执行不能确定（程序语法完全正确），可以增加 try 来捕获异常，"try:"表示尝试执行的代码，"except:"表示出现错误的处理。

（2）爬取数据。

在目标网页中单击左键—检查—网络，刷新网页，找到数据存储的位置，如图 3-58 所示。

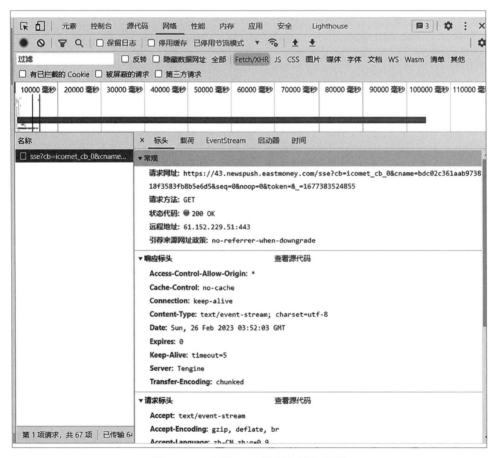

图 3-58 查找 Web 数据存储的位置

```
    url= = 'https://push2his.eastmoney.com/api/qt/stock/fflow/daykline/get?cb
=jQuery112301445006905131534_1634624378230&lmt'\
    '=0&klt=101&fields1=f1%2Cf2%2Cf3%2Cf7&fields2=f51%2Cf52%2Cf53%2Cf54%2Cf5
5%2Cf56%2Cf57%2Cf58%2Cf59%2Cf60%2Cf61%2Cf62%'\ '2Cf63%2Cf64%2Cf65&ut=b2884a3
93a59ad64002292a3e90d46a5&secid=0.000037&_=1634624378231'
    headers = {'User-agent': 'Mozilla/5.0 (Windows NT 10.0; Win64; x64)
AppleWebKit/537.36 (KHTML, like Gecko) Chrome/94.0.4606.81 Safari/537.36
Edg/94.0.992.50'
                }
    # 发送 url 链接的请求，并返回响应数据
    response = requests.get(url=url, headers=headers)
    page_text = response.text
    # 使用正则表达式获取数据
    pat = '"klines":\[(.*?)\]'#(.*?)                # 就是我们要取出的部分
    data = re.compile(pat, re.S).findall(page_text)   #compile 函数编译正则匹配
表达式，re.S 代表可以换行匹配，使用 findall 函数选定数据集，也就是爬取的所有源代码
```

url 和 headers 可以在其中找到，构造请求头，发送 url 链接的请求，并返回响应数据，使用正则表达式获取数据。

（3）写入数据库。

代码如下：

```
    datas = data[0].split('","')                        # 分割字符串
    for i in range(len(datas)):
        stock = list(datas[i].replace('"', "").split(","))    # 把 " 替换为空格，以 ,
                                                              为分隔符分割
# 用 SQL 语言写入数据表
        sql1 = """ insert into dfcf(
                    日期，
                    主力净流入净额，
                    小单净流入净额，
                    中单净流入净额，
                    大单净流入净额，
                    超大单净流入净额，
                    主力净流入净占比，
                    小单净流入净占比，
                    中单净流入净占比，
                    大单净流入净占比，
                    超大单净流入净占比，
                    收盘价，
                    涨幅）
    value('%s','%s','%s','%s','%s','%s','%s','%s','%s','%s','%s','%s','%s')
```

```
            """ %(stock[0], stock[1], stock[2], stock[3], stock[4], stock[5],
stock[6], stock[7], stock[8], stock[9], stock[10], stock[11], stock[12])
# 将值插入到占位符 %s
        # 执行 insert 增加的语句，如果出现异常，对异常处理
        try:
            cursor.execute(sql1)
            db.commit()              # 进行数据库提交，写入数据库
        except:
            cursor.rollback()        # 数据回滚，多次操作要么都执行，要么都不执行
            print('写入失败')
# 关闭游标连接
cursor.close()
# 关闭数据库连接
db.close()
print('写入成功! ')
```

把爬取出来的数据按逗号分割，用 SQL 语言的 insert 插入到 dfcf 数据表，value 赋值。使用 execute() 方法，执行 SQL 语句后一定要用 commit() 方法提交，在数据库里增、删、改的时候，必须要进行提交，否则插入的数据不生效。

rollback() 方法：不想提交增、删、改操作，用此方法回滚取消操作，有多次操作时，全部取消。用 try 捕获异常，如果执行 SQL 或向数据库提交时有异常，就取消所有对数据库的修改操作。

3.6 项目小结

本项目首先介绍了网络爬虫的概念和特点，然后介绍了 MySQL 的下载、安装方法，以及 SQL 语言的基础知识，最后介绍了如何使用 PyMySQL 操作 MySQL 数据库以及一些 SQL 语句的构造方法，本书后面会在实战案例中应用这些操作来存储数据。

通过本项目的学习，读者能够掌握 Python 操作 MySQL 数据库方法，需要重点掌握的是利用网络爬虫工具爬取 Web 数据存储到 MySQL 数据库中的方法。

3.7 实训

本实训主要介绍爬虫基础以及如何使用 Python 进行基本的编程设计。
实训要点：
（1）掌握通过 PyMySQL 库在 MySQL 中建立一个新表。
（2）掌握通过 PyMySQL 库将数据存入 MySQL 中的表内。
（3）掌握通过 PyMySQL 库查询 MySQL 中的表。

（1）Python 操作 MySQL 数据创建 my_table 表，并添加第一条记录。

步骤 1，安装数据库所需模块。

使用 pip 命令在命令行为 Python 安装第三方库：pip install 库。代码如下：

```
pip install pymysql
```

步骤 2，连接数据库，代码如下：

```
import pymysql
# 打开数据库连接
db = pymysql.connect("localhost", "root", "123456", "my_database", charset='utf8' )
# localhost：本地连接，也可以换成数据库所在的ip地址
# root：mysql数据库的账户；mysql：数据库密码
# my_database：要连接的数据库名称
# 使用cursor()方法获取操作游标
cursor = db.cursor()
# 使用execute方法执行SQL语句
cursor.execute("SELECT  VERSION()")
# 使用 fetchone() 方法获取一条数据
data = cursor.fetchone()
print("Database version : %s " % data)
输出结果：
Database version : 8.0.15
```

步骤 3，使用 Python 操作数据库，代码如下：

```
import pymysql
# 打开数据库连接
db = pymysql.connect("localhost", "root", "mysql", "my_database", charset='utf8' )
# 使用cursor()方法获取操作游标
cursor = db.cursor()
# 创建数据表SQL语句
sql = """CREATE TABLE my_table (
         id int,
          name varchar(50))"""
# 执行SQL语句
cursor.execute(sql)
# 关闭数据库连接
db.close()
```

在 MySQL 中查看结果：

```
show tables;
```

步骤 4，数据操作。

插入数据：

```
import pymysql
# 打开数据库连接
db = pymysql.connect("localhost", "root", "mysql", "my_database",
charset='utf8' )
# 使用 cursor() 方法获取操作游标
cursor = db.cursor()
# 插入 SQL 语句
sql = """INSERT INTO my_table(id,
         name)
         VALUES (1,'张三')""" # 删除、修改等操作只需要修改执行的 SQL 语句即可
try:
    # 执行 SQL 语句
    cursor.execute(sql)
    # 提交到数据库执行
    db.commit()
except:
    # 发生错误时回滚
    db.rollback()
# 关闭数据库连接
db.close()
```

在数据库中查看结果，如图 3 - 59 所示。

```
select * from my_table;
```

```
mysql> select * from my_table;
+------+--------+
| id   | name   |
+------+--------+
|    1 | 张三   |
+------+--------+
1 row in set (0.00 sec)
```

图 3 - 59　查看插入的数据

（2）爬取了一个学生信息，学号为 20120001，名字为 Bob，年龄为 20，如何将该条数据插入数据库呢？示例代码如下：

```
import pymysql

id = '20120001'
user = 'Bob'
```

```
age = 20

db = pymysql.connect(host='localhost', user='root', password='123456',
port=3306, db='spiders')
cursor = db.cursor()
sql = 'INSERT INTO students(id, name, age) values(%s, %s, %s)'
try:
    cursor.execute(sql, (id, user, age))
    db.commit()
except:
    db.rollback()
db.close()
```

3.8 习题

一、简答题

1. 简述 MySQL 数据库的特点。
2. 简述 SQL 语言的分类。
3. 简述 Python 操作 MySQL 数据库的步骤。

二、编程题

通过 PyMySQL 库存储实训提取的网页内容，在 MySQL 的 test 库中建立一个新表并将提取的文本内容存入该表内，之后查询该表内容，确认是否存储成功。

实现思路及步骤：

（1）建立与 MySQL 的 test 库的连接。

（2）在 MySQL 的 test 库中建立一个新表，表名为"train"，构建索引列"id"、长度为"20"的"varchar"类型的"title"列和类型为"text"的"bs_text"列。

（3）将"title"列和"bs_text"列为实训中提取的文本内容的一条记录插入步骤（2）中建立的表内。

（4）查询插入记录后的表的内容。

项目 ④

Scrapy 框架

教学目标

知识目标

- 了解 Scrapy 框架的特点。
- 理解 Scrapy 框架的运行机制。
- 理解 Scrapy 框架的实现方式。
- 熟悉 Scrapy 框架中 Python 代码的书写。

能力目标

- 会使用 Python 编写 Scrapy 爬虫程序。

素养目标

- 引导学生在学习的过程中注重对比和分析。
- 培养学生的科学素养。
- 学会运用科学的世界观和方法论来分析问题。

4.1 Scrapy 框架简介

框架是内容或者过程的结构化表述,可以作为一种结构化思考的工具,确保一致性和完整性。可简单理解为:框架就是让做事情的步骤,通过条条框框的约束来达到一致性和完整性。由于框架一般来源于实践,可达到降低风险的目的。

项目 4
Scrapy 框架

Scrapy 是一个使用 Python 语言编写的开源网络爬虫框架，是一个高级的 Python 爬虫框架。Scrapy 可用于各种有用的应用程序，如数据挖掘、信息处理以及历史归档等，目前主要用于抓取 Web 站点并从页面中提取结构化的数据。

尽管 Scrapy 最初是为网络爬取而设计的，但它也可用于使用 API 提取数据或用作通用网络爬虫。Scrapy 吸引人的地方在于它是一个框架，任何人都可以根据需求进行修改。它也提供了多种类型爬虫的基类，如 BaseSpider、sitemap 爬虫等，最新版本又提供了 Web2.0 爬虫的支持。

4.1.1 Scrapy 的安装

在 Windows 7 中安装 Scrapy 框架的命令为：pip install Scrapy。但是安装 Scrapy 通常不会直接成功，因为 Scrapy 框架的安装还需要多个包的支持，如 twiste 包、lxml 包、zope.interface 包和 pyOpenSSL 包等，图 4-1 显示了安装 Scrapy 框架所需的包。

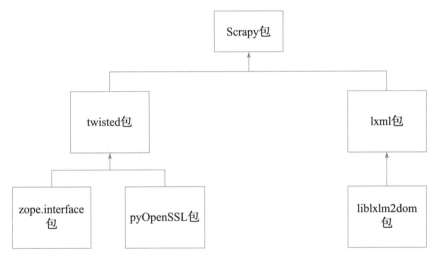

图 4-1 安装 Scrapy 框架所需的包

因此，在安装 Scrapy 框架之前，必须依次安装 twiste 包、lxml 包、zope.interface 包和 pyOpenSSL 包，并在上述包全部安装完成后，运行命令 pip install Scrapy 来安装 Scrapy 框架。为确保 Scrapy 框架已安装成功，在 Python 中测试是否能够导入 Scrapy 库，输入命令 import scrapy，运行如图 4-2 所示。

图 4-2 导入 Scrapy 库

命令：scrapy.vesion_info 可查看 Scrapy 的版本。

安装完成后，即可使用 Scrapy 框架爬取网页中的数据。在 cmd 命令行中输入"scrapy"

即可查看 Scrapy 的常见命令，如图 4－3 所示。

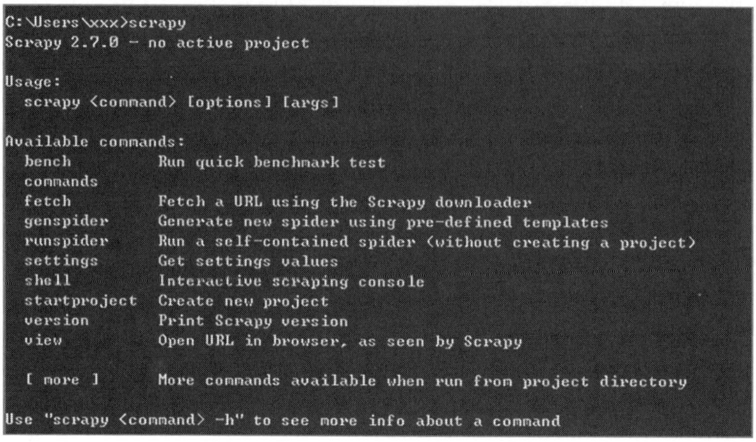

```
C:\Users\xxx>scrapy
Scrapy 2.7.0 - no active project

Usage:
  scrapy <command> [options] [args]

Available commands:
  bench         Run quick benchmark test
  commands
  fetch         Fetch a URL using the Scrapy downloader
  genspider     Generate new spider using pre-defined templates
  runspider     Run a self-contained spider (without creating a project)
  settings      Get settings values
  shell         Interactive scraping console
  startproject  Create new project
  version       Print Scrapy version
  view          Open URL in browser, as seen by Scrapy

  [ more ]      More commands available when run from project directory

Use "scrapy <command> -h" to see more info about a command
```

图 4－3　Scrapy 的常见命令

Scrapy 的命令有两种分类：全局命令与项目命令。比如在命令行直接输入“scrapy startproject myproject”命令，实际上是在全局环境中使用的。而当运行爬虫时，命令“scrapy crawl myspider”是在项目环境内运行的。表 4－1 显示了 Scrapy 的常见命令及其含义。

表 4－1　Scrapy 的常见命令及其含义

命令	含义
startproject	创建爬虫项目
genspider	用于生成爬虫
crawl	启动 spider 爬虫
check	检查代码
list	列出所有可用的爬虫
fetch	将网页内容下载下来，然后在终端打印当前返回的内容
version	查看版本信息
runspider	运行 spider
settings	系统设置信息
bench	测试电脑当前爬取速度性能
shell	打开 Scrapy 显示台

4.1.2　Scrapy 框架结构

Scrapy 框架由 Scrapy Engine、Scheduler、Downloader、Spiders、Item Pipeline、Downloader middlewares 以及 Spider middlewares 等部分组成，具体结构如图 4－4 所示。

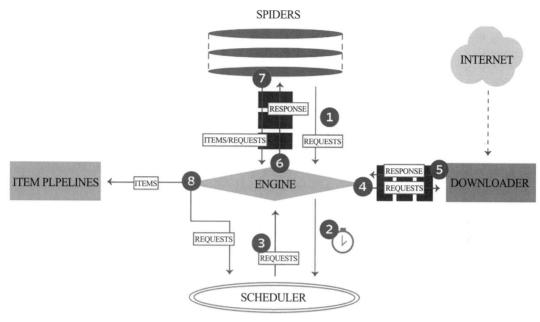

图 4-4 Scrapy 架构组成

Scrapy 框架的具体组件作用如下。

（1）Scrapy Engine。

Scrapy Engine 也叫作"Scrapy 引擎"，它是爬虫工作的核心，负责控制数据流在系统中所有组件中的流动，并在相应动作发生时触发事件。

（2）Scheduler。

Scheduler 也叫作"调度器"，它从引擎接受 Request 并将它们入队，以便之后引擎请求它们时提供给引擎。

（3）Downloader。

Downloader 也叫作"下载器"，它负责获取页面数据并提供给引擎，而后提供给 Spider。

（4）Spiders。

Spiders 也可叫作"Spider"，中文一般读作"蜘蛛"，它是 Scrapy 用户编写的用于分析的、由下载器返回的 Response，并提取出 Item 和额外的 URL 的类，每个 Spider 都能处理一个域名或一组域名。"蜘蛛"的整个抓取流程如下所示：

1）首先获取第一个 URL 的初始请求，当请求返回后调取一个回调函数。第一个请求是通过调用 start_requests() 方法。该方法默认从 start_urls 中的 URL 中生成请求，并执行解析来调用回调函数。

2）在回调函数中，解析网页响应并返回项目对象和请求对象或两者的迭代。这些请求也将包含一个回调，然后被 Scrapy 下载，然后由指定的回调处理。

3）在回调函数中，解析网站的内容，使用 Xpath 选择器并生成解析的数据项。

4）最后，从"蜘蛛"返回的项目通常会进入到项目管道。

（5）Item Pipeline。

Item Pipeline 也叫作"数据管道"，它的主要责任是负责处理由"蜘蛛"从网页中抽取的数据，它的主要任务是清洗、验证和存储数据。当页面被"蜘蛛"解析后，将被发送到数据管道，并经过几个特定的顺序处理数据。每个数据管道的组件都是由一个简单的方法组成的 Python 类。它们获取了项目并执行它们的方法，同时它们还需要确定是否需要在数据管道中继续执行下一步或是直接丢弃掉不处理。Item Pipeline 通常执行的过程有：

1）清洗 HTML 数据；

2）验证解析到的数据；

3）检查是否是重复数据；

4）将解析到的数据存储到数据库中。

（6）Downloader middlewares。

Scrapy 的中间件是一个重要概念，作用是批量拦截请求和响应。Scrapy 中有两种中间件，下载中间件（Downloader Middleware）和爬虫中间件（Spider Middleware）。

下载中间件是介于 Scrapy 引擎和调度之间的中间件，主要用于从 Scrapy 引擎发送到调度的请求和响应。在下载器中间件中，人们可以设置代理，更换请求头等来达到反爬虫的目的。下载中间件可以在下载器中实现。常用两个方法：一个是 process_request(self,request,spider)，这个方法是在请求发出之前会执行；还有一个是 process_response(self,request,response,spider)，这个方法是数据下载到引擎之前执行。

爬虫中间件是介于 Scrapy 引擎和爬虫之间的框架，主要处理"蜘蛛"的响应输入和请求输出。

Spider middlewares 有如下三个作用：

- 在 Downloader 生成的 Response 发送给 Spider 之前，也就是在 Response 发送给 Spider 之前对 Response 进行处理；
- 在 Spider 生成的 Request 发送给 Scheduler 之前，也就是在 Request 发送给 Schedule 之前对 Request 进行处理；
- 在 Spider 生成的 Item 发送给 Item Pipeline 之前，也就是在 Item 发送给 Item Pipeline 之前对 Item 进行处理。

爬虫中间件主要处理引擎传回的 Response 对象和 Spiders 生成的 items 和 requests，可以插入自定义代码来处理发送给 Spiders 的请求和返回 Spider 获取的响应内容和项目。

图 4-5 显示了 Scrapy 的中间件。

4.1.3 Scrapy 框架的工作流程

当 Spider 要爬取某 URL 地址的页面时，首先用该 URL 构造一个 Request 对象，提交给 Engine（图 4-4 中的"1"），随后 Request 对象进入 Scheduler，按照某种调度算法排队，之后的某个时候从队列中出来，由 Engine 提交给 Downloader（图 4-4 中的"2""3""4"）。

Downloader 根据 Request 对象中的 URL 地址发送一次 HTTP 请求到目标网站服务器，并接受服务器返回的 HTTP 响应，构建一个 Response 对象（图 4-4 中的"5"），并由 Engine 将 Response 提交给 Spider（图 4-4 中的"6"）。Spider 提取 Response 中的数据，构造出 Item 对象或者根据新的连接构造出 Request 对象。分别由 Engine 提交给 Item Pipeline 或者 Scheduler（图 4-4 中的"7""8"）这个过程反复进行，直至爬取完所有的数据。同时，数据对象在出入 Spider 和 Downloader 时可能会经过 Middleware 进行进一步的处理。

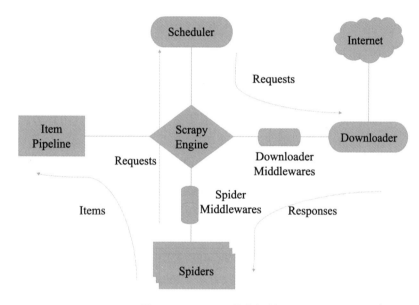

图 4-5 Scrapy 的中间件

4.1.4 Scrapy 框架的重要对象

在 Scrapy 框架中还有三种数据流对象，分别是 Request、Response 和 Items。
- Request 是 Scrapy 中的 HTTP 请求对象。
- Response 是 Scrapy 中的 HTTP 响应对象。
- Item 是一种简单的容器，用于保存爬取得到的数据。

在 Scrapy 框架中，Items 代表 Spider 从页面中爬取的一项数据。在 Scrapy 中，Request 和 Response 是最为核心的两个对象，它是连接爬虫、引擎、下载器、调度器关键的媒介，是不得不深入理解的两个对象。表 4-2 列出了 Scrapy 框架的数据流对象。

表 4-2 Scrapy 框架的数据流对象

类型	方式	作用
Request	scrapy.http.Request()	Request 由 Spider 生成，由 Downloader 执行
Response	scrapy.http.Response()	Response 由 Downloader 生成，由 Spider 处理
Item	scrapy.item.Item()	Item 由 Spider 生成，由 Item Pipeline 处理

（1）Request 对象。

Request 对象用于描述一个 HTTP 请求，由 Spider 产生，Request 构造函数的参数列表如下：

Request(url[, callback, method='GET', headers, body, cookies, meta, encoding='utf-8', priority=0, dont_filter=False, errback])

具体参数含义如下。

- url：请求页面的 URL 地址。
- callback：请求回来的 Reseponse 处理函数，也叫"回调函数"。如果请求没有指定回调，parse() 将使用 Spider 的方法。
- method：HTTP 请求的方法，默认为 "'GET'"。
- headers：请求的头部字典，dict 类型。dict 值可以是字符串（对于单值标头）或列表（对于多值标头）。如果 None 作为值传递，则不会发送 HTTP 头。
- body：请求的正文，str 或 unicode 类型。如果 unicode 传递了 a，那么它被编码为 str，使用传递的编码（默认为 utf8）。如果 body 没有给出，则存储一个空字符串。不管这个参数的类型是什么，存储的最终值都将是一个 str（不会是 unicode 或 None）。
- cookies：设置页面的 cookies，dict 类型。当某些网站返回"cookie（在响应中）"时，这些 cookie 会存储在该域的 cookie 中，并在将来的请求中再次发送。
- meta：作用是在页面之间传递数据，dict 类型。Request 对象接受一个 meta 参数，一个字典对象，同时 Response 对象有一个 meta 属性可以爬取到相应 Request 传过来的 meta。
- encoding：请求的编码，url 和 body 类型。参数的默认编码为 "'utf-8'"。
- priority：请求的优先级（默认为 0）。调度器使用优先级来定义处理请求的顺序，具有较高优先级值的请求将较早执行，负值以指示相对低优先级。
- dont_filter：表示此请求不应由调度程序过滤，默认为 "False"。
- errback：如果在处理请求时引发任何异常，将调用 errback 函数，包括失败的 404 HTTP 错误等页面。

（2）Response 对象。

Response 对象用于描述一个 HTTP 响应，由 Downloader 产生，Response 构造函数的参数列表如下：

Response(url[, status=200, headers=None, body=b'', flags=None, request=None])

具体参数含义如下。

- url：响应页面的 URL 地址。
- status：响应的 HTTP 状态，默认为 "200"。
- headers：包含响应标题的类字典对象。可以使用 get() 返回具有指定名称的第一个标头值，或使用 getlist() 返回具有指定名称的所有标头值来访问值。
- body：HTTP 响应正文。
- flags：包含此响应的标志的列表。标志是用于标记响应的标签，例如 "'cached'" "'redirected'" 等。
- request：产生该 HTTP 响应的 Request 对象。

Response 对象是一个基类，根据响应内容有三个子类，分别是 TextResponse、HtmlResponse 和 XmlResponse。TextResponse 支持新的构造参数，是对 Response 对象的补充，HtmlResponse 和 XmlResponse 两个类本身只是简单地继承了 TextResponse，因此它们是 TextResponse 的子类。

用户通常爬取的网页，其内容大多是 HTML 文本，创建的就是 HtmlResponse 类。HtmlResponse 类有很多方法，但是最常见的是 Xpath（query）、CSS（query）和 urljoin（url）。其中前两个方法用于提取数据，第三个方法用于构造绝对 url。

（3）Item 对象。

Scrapy 使用 Item 类来产生输出，其对象被用来收集被爬取的数据。在爬取数据的过程中，主要工作就是从杂乱的数据中提取出结构化的数据。Scrapy 的 Spider 可以把数据提取为一个 Python 中的字典，虽然字典使用起来非常方便，对用户来说也很熟悉，但是字典有一个缺点：缺少固定结构。

在一个拥有许多爬虫的大项目中，字典非常容易造成字段名称上的语法错误，或者返回不一致的数据。所以 Scrapy 中定义了一个专门的通用数据结构：Item。这个 Item 对象提供了跟字典相似的 API，并且有一个非常方便的语法来声明可用的字段。

定义 Item 非常简单，只需要继承 scrapy.Item 类，并将所有字段都定义为 scrapy.Field 类型即可，代码如下：

```
import scrapy
class Product(scrapy.Item):
    name = scrapy.Field()
    price = scrapy.Field()
    stock = scrapy.Field()
    last_updated = scrapy.Field(serializer=str)
```

Field 对象定义了每个字段的元数据（metadata），可以为每个字段指明任何类型的元数据。例如，上面 last_updated 的序列化函数指定为 str，可指定任意元数据，不过每种元数据对于不同的组件意义不一样。

值得注意的是，Scrapy 中有其特有的数据类型 Item 和 Field，其中 Item 类似字典，一般与 Field 配合使用，Field 能够携带元数据，携带的元数据能够指导 Scrapy 的 Pipeline 工具类对数据进行处理。其实 Field 类就是 Python 中 dict 类的别名，并没有任何其他的功能或属性。

当人们将 Item 类定义之后，就要在 Spider 程序中进行构造，即填充数据，例如：

```
# 导入 Item 类，ScrapyDemo 是包名
from ScrapyDemo.items import DouLuoDaLuItem
# 构造 Item 对象
item = DouLuoDaLuItem
item['name'] = name
item['alias'] = alias
item['area'] = area
itcm['parts'] = parts
item['year'] = year
item['update'] = update
item['describe'] = describe
```

此外，Scrapy 还提供了 itemadapter.ItemAdapter 类和 itemadapter.is_item() 函数为处理不同类型的 Item 对象提供统一的接口。

［例 4-1］ 创建 Item 并获取值，如图 4-6 所示。

```
>>> import scrapy
>>> class Product(scrapy.Item):
...     name=scrapy.Field()
...     price=scrapy.Field()
...     stock=scrapy.Field()
...
>>> product=Product(name='pc',price=1500)
>>> print(product)
{'name': 'pc', 'price': 1500}
>>> product['name']
'pc'
>>> product['price']
1500
>>> product.keys()
dict_keys(['name', 'price'])
>>> product.items()
ItemsView({'name': 'pc', 'price': 1500})
>>>
```

图 4-6　创建 Item 并获取值

从图 4-6 可以看出 Item 的使用跟 Python 中的字典 API 非常类似。

4.2　Spider

4.2.1　Spider 处理过程

Spider 负责处理所有 Responses，从中分析提取数据，获取 Item 字段需要的数据，并将需要跟进的 URL 提交给引擎，再次进入 Scheduler（调度器）。具体来说就是 Spider 定义了一个特定站点（或一组站点）如何被抓取的类，包括如何执行抓取（即跟踪链接）以及如何从页面中提取结构化数据（即抓取项）。也就是说人们要抓取的网站的链接配置、抓取逻辑、解析逻辑等其实都是在 Spider 中定义的。

Spider 的整个爬取循环过程如下：

（1）以初始的 URL 初始化 Request，并设置回调函数。当该 Request 成功请求并返回时，Response 生成并作为参数传给该回调函数。

（2）在回调函数内分析返回的网页内容。返回结果有两种形式：一种是解析到的有效结果返回字典或 Item 对象，它们可以经过处理后（或直接）保存；另一种是解析得到下一个（如下一页）链接，可以利用此链接构造 Request 并设置新的回调函数，返回 Request 等待后续调度。

（3）如果返回的是字典或 Item 对象，我们可通过 Feed Exports 等组件将返回结果存入文件。如果设置了 Pipeline 的话，我们可以使用 Pipeline 处理（如过滤、修正等）并保存。

（4）如果返回的是 Request，那么 Request 执行成功得到 Response 之后，Response 会被传递给 Request 中定义的回调函数，在回调函数中我们可以再次使用选择器来分析新得到的网页内容，并根据分析的数据生成 Item。

通过以上步骤循环往复进行，就可以完成站点的爬取。

4.2.2　Spider 类解析

Spider 是一个 Scrapy 提供的基本类，Scrapy 中包含的其他基本类（例如 CrawlSpider）以及自定义的 Spider 都必须继承这个类。Spider 是定义如何抓取某个网站的类，包括如何执行抓取以及如何从其网页中提取结构化数据。scrapy.spider.Spider 是最简单的 Spider。每个其他的 Spider 必须继承自该类（包括 Scrapy 自带的其他 Spider 以及用户自己编写的 Spider），其仅仅请求给定的 start_urls / start_requests，并根据返回的结果（resulting responses）调用 Spider 的 parse 方法。

（1）Spider 基础属性。

它有如下一些基础属性：

- name：爬虫名称，是定义 Spider 名字的字符串。Spider 的名字定义了 Scrapy 如何定位并初始化 Spider，它必须是唯一的。不过我们可以生成多个相同的 Spider 实例，数量没有限制。name 是 Spider 最重要的属性，如果 Spider 爬取单个网站，一个常见的做法是以该网站的域名来命名 Spider。例如，Spider 爬取 mywebsite.com，该 Spider 通常会被命名为 mywebsite。
- allowed_domains：允许爬取的域名是可选配置的，不在此范围的链接不会被跟踪爬取。
- start_urls：它是起始 URL 列表，当我们没有实现 start_requests() 方法时，默认会从这个列表开始抓取。
- custom_settings：它是一个字典，是专属于本 Spider 的配置，此设置会覆盖项目全局的设置。此设置必须在初始化前被更新，必须定义成类变量。
- crawler：它是由 from_crawler() 方法设置的，代表本 Spider 类对应的 Crawler 对

象。Crawler 对象包含了很多项目组件，我们可以利用它获取项目的一些配置信息，如最常见的获取项目的设置信息，即 Settings。
- settings：它是一个 Settings 对象，利用 Settings 可以直接获取项目的全局设置变量。

（2）Spider 常用方法。

除了以上基础属性，Spider 还有一些常用的方法。

- start_requests()：此方法用于生成初始请求，它必须返回一个可迭代对象，该方法可以被重写。此方法会默认使用 start_urls 里面的 URL 来构造 Request，而且 Request 默认是 GET 请求方式。如果我们想在启动时以 POST 方式访问某个站点，可以直接重写这个方法，发送 POST 请求时使用 FormRequest 即可。
- parse(response)：parse() 方法的参数 response 是 start_urls 里面的链接被爬取后的结果。所以在 parse() 方法中，可以直接对 response 对象包含的内容进行解析，比如浏览请求结果的网页源代码，或者进一步分析源代码内容，或者找出结果中的链接而得到下一个请求。当 Response 没有指定回调函数时，该方法会默认被调用。它负责处理网页返回的 Response，并从中提取出想要的数据和下一步的请求，然后返回。该方法需要返回一个包含 Request 或 Item 的可迭代对象。
- closed(reason)：当 Spider 关闭时，该方法会被调用，在这里一般会定义释放资源的一些操作或其他收尾操作。

以下代码书写了 start_urls。

```
import scrapy
from myproject.items import MyItem
class MySpider(scrapy.Spider):
    name = 'example.com'
    allowed_domains = ['example.com']
    def start_requests(self):
        yield scrapy.Request('http://www.example.com/1.html', self.parse)
        yield scrapy.Request('http://www.example.com/2.html', self.parse)
        yield scrapy.Request('http://www.example.com/3.html', self.parse)
    def parse(self, response):
        for h3 in response.xpath('//h3').getall():
            yield MyItem(title=h3)
        for href in response.xpath('//a/@href').getall():
            yield scrapy.Request(response.urljoin(href), self.parse)
```

对于大多数用户来讲，Spider 是 Scrapy 框架中最核心的组件，开发 Scrapy 爬虫时通常是紧紧围绕 Spider 而展开的。

一般而言，实现一个 Spider 需要以下 4 步：

步骤 1，继承 scrapy.Spider；

步骤 2，为 Spider 命名；
步骤 3，设置爬虫的起始爬取点；
步骤 4，实现页面的解析。
Spider 中常见的属性和方法见表 4-3。

表 4-3 Spider 中常见的属性和方法

Spider 中常见属性	含义
name	定义 Spider 名字的字符串
allowed_domains	包含了 Spider 允许爬取的域名 (domain) 的列表
start_urls	初始 URL 元组/列表。当没有制定特定的 URL 时，Spider 将从该列表中开始进行爬取
custom_settings	定义该 Spider 配置的字典，这个配置会在项目范围内运行这个 Spider 的时候生效
crawler	定义 Spider 实例绑定的 crawler 对象，这个属性是在初始化 Spider 类时由 from_crawler() 方法设置的，crawler 对象概括了许多项目的组件
settings	运行 Spider 的配置，这是一个 settings 对象的实例
logger	用 Spider 名字创建的 Python 记录器，可以用来发送日志消息
start_requests(self)	该方法含了 Spider 用于爬取（默认实现是使用 start_urls 的 url）的第一个 Request
parse(self, response)	当请求 url 返回网页没有指定回调函数时，默认的 Request 对象回调函数，用来处理网页返回的 response，以及生成 Item 或者 Request 对象
log(message[,level,component])	它是一个通过 Spider 记录器发送日志信息的方法
closed(reason)	这个方法在 Spider 关闭时被调用

4.3 Scrapy 的开发与实现

4.3.1 Scrapy 爬虫开发流程

要开发 Scrapy 爬虫，一般有以下几步：
步骤 1，新建项目；
步骤 2，明确目标；
步骤 3，制作爬虫；
步骤 4，存储内容。
Scrapy 爬虫开发实现步骤如图 4-7 所示。

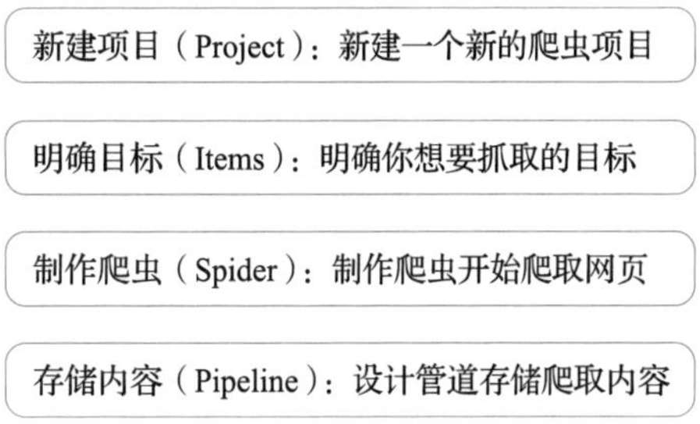

新建项目（Project）：新建一个新的爬虫项目

明确目标（Items）：明确你想要抓取的目标

制作爬虫（Spider）：制作爬虫开始爬取网页

存储内容（Pipeline）：设计管道存储爬取内容

图 4-7 Scrapy 爬虫实现步骤

4.3.2 创建 Scrapy 项目

［例 4－2］ 创建一个最简单的 Spider 项目。

（1）在 D 盘根目录中创建文件夹，名称为"spider"。

（2）使用 Scrapy 创建爬虫项目，进入已经创建好的文件夹，并使用命令"scrapy startproject myspider"来创建项目，如图 4－8 所示。查看已经创建好的文件目录，如图 4－9 所示。

图 4－8 创建项目

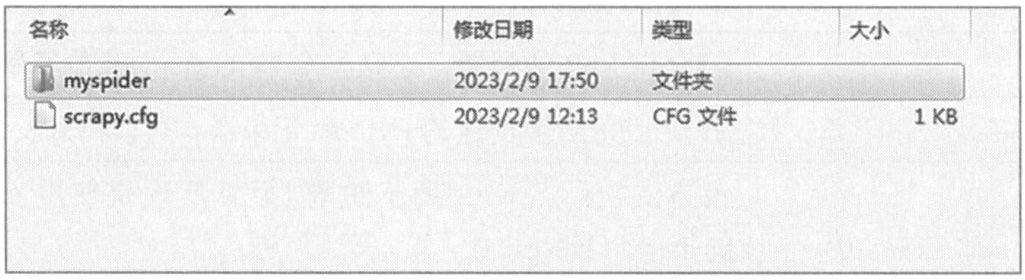

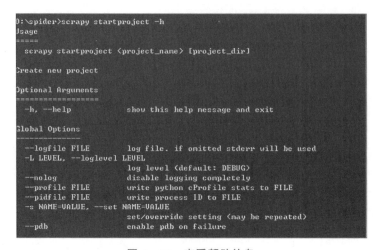

图 4－9 已经创建好的文件目录

（3）使用命令"startproject -h"查看 startproject 的帮助信息，如图 4－10 所示。

图 4－10 查看帮助信息

（4）使用命令"dir"查看目录结构，如图 4－11 所示。

```
D:\spider>dir
 驱动器 D 中的卷是 工具
 卷的序列号是 0001-45EF

 D:\spider 的目录

2023/02/09  12:13    <DIR>          .
2023/02/09  12:13    <DIR>          ..
2023/02/09  12:13    <DIR>          myspider
               0 个文件              0 字节
               3 个目录 147,177,701,376 可用字节
```

图 4－11　查看目录结构

（5）使用命令“ scrapy fetch https://www.baidu.com”显示爬取的网页信息，这里以爬取百度页面为例，如图 4－12、图 4－13 所示。

```
D:\spider>scrapy fetch https://www.baidu.com
2023-02-09 13:41:03 [scrapy.utils.log] INFO: Scrapy 2.7.0 started (bot: scrapybo
t)
2023-02-09 13:41:03 [scrapy.utils.log] INFO: Versions: lxml 4.9.1.0, libxml2 2.9
.12, cssselect 1.0.3, parsel 1.5.0, w3lib 1.19.0, Twisted 22.4.0, Python 3.7.0 (
v3.7.0:1bf9cc5093, Jun 27 2018, 04:59:51) [MSC v.1914 64 bit (AMD64)], pyOpenSSL
 22.1.0 (OpenSSL 3.0.5 5 Jul 2022), cryptography 38.0.1, Platform Windows-7-6.1.
7601-SP1
2023-02-09 13:41:03 [scrapy.crawler] INFO: Overridden settings:
{}
2023-02-09 13:41:03 [py.warnings] WARNING: d:\users\xxx\appdata\local\programs\p
ython\python37\lib\site-packages\scrapy\utils\request.py:231: ScrapyDeprecationW
arning: '2.6' is a deprecated value for the 'REQUEST_FINGERPRINTER_IMPLEMENTATIO
N' setting.

It is also the default value. In other words, it is normal to get this warning i
f you have not defined a value for the 'REQUEST_FINGERPRINTER_IMPLEMENTATION' se
tting. This is so for backward compatibility reasons, but it will change in a fu
ture version of Scrapy.

See the documentation of the 'REQUEST_FINGERPRINTER_IMPLEMENTATION' setting for
information on how to handle this deprecation.
  return cls(crawler)

2023-02-09 13:41:03 [scrapy.utils.log] DEBUG: Using reactor: twisted.internet.se
lectreactor.SelectReactor
2023-02-09 13:41:03 [scrapy.extensions.telnet] INFO: Telnet Password: 50a39ac2e6
acd391
2023-02-09 13:41:03 [scrapy.middleware] INFO: Enabled extensions:
['scrapy.extensions.corestats.CoreStats',
 'scrapy.extensions.telnet.TelnetConsole',
 'scrapy.extensions.logstats.LogStats']
2023-02-09 13:41:04 [scrapy.middleware] INFO: Enabled downloader middlewares:
['scrapy.downloadermiddlewares.httpauth.HttpAuthMiddleware',
 'scrapy.downloadermiddlewares.downloadtimeout.DownloadTimeoutMiddleware',
 'scrapy.downloadermiddlewares.defaultheaders.DefaultHeadersMiddleware',
 'scrapy.downloadermiddlewares.useragent.UserAgentMiddleware',
 'scrapy.downloadermiddlewares.retry.RetryMiddleware',
 'scrapy.downloadermiddlewares.redirect.MetaRefreshMiddleware',
 'scrapy.downloadermiddlewares.httpcompression.HttpCompressionMiddleware',
 'scrapy.downloadermiddlewares.redirect.RedirectMiddleware',
 'scrapy.downloadermiddlewares.cookies.CookiesMiddleware',
 'scrapy.downloadermiddlewares.httpproxy.HttpProxyMiddleware',
 'scrapy.downloadermiddlewares.stats.DownloaderStats']
```

图 4－12　爬取网页的信息

（6）使用命令“scrapy genspider-1”查看当前可以使用的爬虫模板，如图 4－14 所示。

（7）进入 myspider 目录中，输入命令“ scrapy genspider baidu baidu.com”创建爬虫文件，如图 4－15 所示。在 spiders 文件夹中查看已经创建好的 baidu.py，如图 4－16 所示。

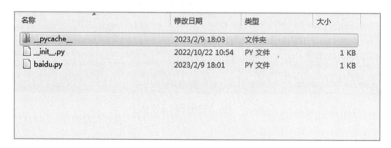

图4-13 爬取网页的信息

```
D:\spider>scrapy genspider -l
Available templates:
  basic
  crawl
  csvfeed
  xmlfeed
```

图4-14 查看当前可以使用的爬虫模板

```
D:\spider>cd myspider

D:\spider\myspider>scrapy genspider baidu baidu.com
Created spider 'baidu' using template 'basic' in module:
  myspider.spiders.baidu
```

图4-15 创建爬虫文件

名称	修改日期	类型	大小
__pycache__	2023/2/9 18:03	文件夹	
__init__.py	2022/10/22 10:54	PY 文件	1 KB
baidu.py	2023/2/9 18:01	PY 文件	1 KB

图4-16 已经创建好的baidu.py

spiders 下的 baidu.py 是由 scrapy 自动生成的，代码如下：

```
import scrapy
```

```
class BaiduSpider(scrapy.Spider):
    name = 'baidu'
    allowed_domains = ['baidu.com']
    start_urls = ['http://baidu.com/']
    def parse(self, response):
        pass
```

（8）使用命令“ scrapy check baidu”来检查已经创建好的爬虫程序，如图 4－17 所示。

```
D:\spider\myspider>scrapy check baidu

----------------------------------------------------------------------
Ran 0 contracts in 0.008s

OK
```

图 4－17　检查已经创建好的爬虫程序

（9）输入命令“scrapy crawl baidu –loglevel=INFO”来启动爬虫，如图 4－18 所示。

```
D:\spider\myspider>scrapy crawl baidu --loglevel=INFO
2023-02-09 18:03:49 [scrapy.utils.log] INFO: Scrapy 2.7.0 started (bot: myspider
)
2023-02-09 18:03:49 [scrapy.utils.log] INFO: Versions: lxml 4.9.1.0, libxml2 2.9
.12, cssselect 1.0.3, parsel 1.5.0, w3lib 1.19.0, Twisted 22.4.0, Python 3.7.0 (
v3.7.0:1bf9cc5093, Jun 27 2018, 04:59:51) [MSC v.1914 64 bit (AMD64)], pyOpenSSL
 22.1.0 (OpenSSL 3.0.5 5 Jul 2022), cryptography 38.0.1, Platform Windows-7-6.1.
7601-SP1
2023-02-09 18:03:49 [scrapy.crawler] INFO: Overridden settings:
{'BOT_NAME': 'myspider',
 'LOG_LEVEL': 'INFO',
 'NEWSPIDER_MODULE': 'myspider.spiders',
 'REQUEST_FINGERPRINTER_IMPLEMENTATION': '2.7',
 'ROBOTSTXT_OBEY': True,
 'SPIDER_MODULES': ['myspider.spiders'],
 'TWISTED_REACTOR': 'twisted.internet.asyncioreactor.AsyncioSelectorReactor'}
2023-02-09 18:03:49 [scrapy.extensions.telnet] INFO: Telnet Password: 5a645c9d68
06c381
2023-02-09 18:03:49 [scrapy.middleware] INFO: Enabled extensions:
['scrapy.extensions.corestats.CoreStats',
 'scrapy.extensions.telnet.TelnetConsole',
 'scrapy.extensions.logstats.LogStats']
2023-02-09 18:03:50 [scrapy.middleware] INFO: Enabled downloader middlewares:
['scrapy.downloadermiddlewares.robotstxt.RobotsTxtMiddleware',
 'scrapy.downloadermiddlewares.httpauth.HttpAuthMiddleware',
 'scrapy.downloadermiddlewares.downloadtimeout.DownloadTimeoutMiddleware',
 'scrapy.downloadermiddlewares.defaultheaders.DefaultHeadersMiddleware',
 'scrapy.downloadermiddlewares.useragent.UserAgentMiddleware',
 'scrapy.downloadermiddlewares.retry.RetryMiddleware',
 'scrapy.downloadermiddlewares.redirect.MetaRefreshMiddleware',
 'scrapy.downloadermiddlewares.httpcompression.HttpCompressionMiddleware',
 'scrapy.downloadermiddlewares.redirect.RedirectMiddleware',
 'scrapy.downloadermiddlewares.cookies.CookiesMiddleware',
 'scrapy.downloadermiddlewares.httpproxy.HttpProxyMiddleware',
 'scrapy.downloadermiddlewares.stats.DownloaderStats']
```

图 4－18　启动爬虫

（10）运行“ shell”命令。在 Scrapy 的交互终端中可以实现在不启动 Scrapy 爬虫的情况下，对网站进行测试，命令如图 4－19 所示。

```
D:\spider\myspider\myspider\spiders>scrapy shell www.baidu.com
```

图 4－19　运行“shell”命令

进入交互界面，如图 4－20 所示。

```
2023-02-09 18:10:25 [scrapy.core.engine] DEBUG: Crawled (200) <GET http://www.ba
idu.com/robots.txt> (referer: None)
2023-02-09 18:10:25 [scrapy.downloadermiddlewares.robotstxt] DEBUG: Forbidden by
 robots.txt: <GET http://www.baidu.com>
[s] Available Scrapy objects:
[s]   scrapy     scrapy module (contains scrapy.Request, scrapy.Selector, etc)
[s]   crawler    <scrapy.crawler.Crawler object at 0x0000000005288BE0>
[s]   item       {}
[s]   request    <GET http://www.baidu.com>
[s]   settings   <scrapy.settings.Settings object at 0x0000000005288860>
[s] Useful shortcuts:
[s]   fetch(url[, redirect=True]) Fetch URL and update local objects (by default
, redirects are followed)
[s]   fetch(req)                  Fetch a scrapy.Request and update local object
s
[s]   shelp()           Shell help (print this help)
[s]   view(response)    View response in a browser
In [1]:
```

图 4－20　shell 交互界面

在交互模式中输入命令查看结果，如图 4－21 所示。

```
In [2]: request
Out[2]: <GET http://www.baidu.com>

In [3]: view
Out[3]: <function scrapy.utils.response.open_in_browser(response: Union[ForwardR
ef('scrapy.http.response.html.HtmlResponse'), ForwardRef('scrapy.http.response.t
ext.TextResponse')], _openfunc: Callable[[str], Any] = <function open at 0x00000
00003850C80>) -> Any>

In [4]: crawler
Out[4]: <scrapy.crawler.Crawler at 0x5288be0>
```

图 4－21　交互模式中输入命令查看结果

4.3.3　创建 Scrapy 实例

［例 4－3］ 创建一个最简单的 Spider 爬虫。该例以爬取凤凰网（https://www.ifeng.com/）为例，讲述 Scrapy 爬虫的创建和运行。

（1）创建工程。

在本地选中某一文件夹，该例文件夹名为“爬虫”，同时按住 shift 键右击，在弹出的对话框中选择“在此处打开命令窗口”，输入命令“ scrapy startproject movie”创建 Scrapy 工程，运行如图 4－22 所示。

```
C:\Users\xxx\Desktop\爬虫>scrapy startproject movie
New Scrapy project 'movie', using template directory 'd:\\users\\xxx\\appdata\\l
ocal\\programs\\python\\python37\\lib\\site-packages\\scrapy\\templates\\project
', created in:
    C:\Users\xxx\Desktop\爬虫\movie

You can start your first spider with:
    cd movie
    scrapy genspider example example.com
```

图 4－22　创建 Scrapy 工程

（2）创建爬虫程序。

创建好 Scrapy 工程以后，就可以创建爬虫程序。输入命令“ scrapy genspider meiju

meijutt.com"创建 Spider 爬虫,并命令为"meiju",运行如图 4-23 所示。

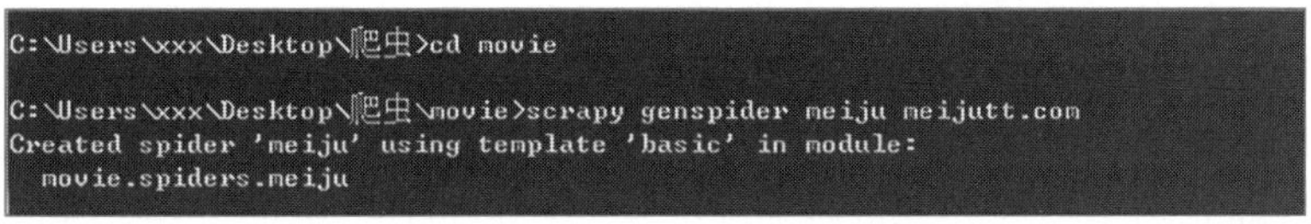

图 4-23 创建 Spider 爬虫

(3)查看目录结构。

使用"tree"命令查看目录结构,显示如图 4-24 所示。
目录结构含义如下。

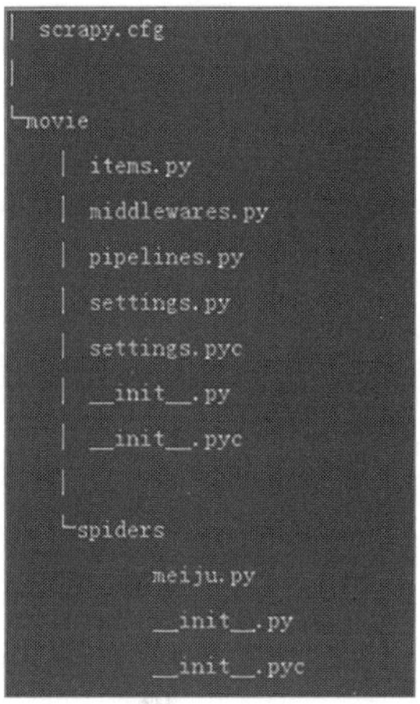

- scrapy.cfg:部署 Scrapy 爬虫的配置文件。
- movie:外层目录。
- __init__.py:初始化脚本。
- items.py:Items 代码模板(继承类)。
- middlewares.py:middlewares 代码模板(继承类)。
- pipelines.py:Pipelines 代码模板(继承类)。
- settings.py:Scrapy 爬虫的配置文件。
- spiders:Spiders 代码模板目录(继承类)。
- __init__.py:初始文件,无须修改。

图 4-24 查看目录结构

(4)编写代码并运行爬虫。

1)书写 Spiders 代码。

运行 Python,在 Spiders 中的 meiju.py 中输入以下代码:

```
import scrapy
from movie.items import MovieItem
class MeijuSpider(scrapy.Spider):
  name = "meiju"
  allowed_domains = ["ifeng.com/"]
  start_urls = ['https://www.ifeng.com/']
  def parse(self, response):
   movies = response.xpath('//div[@class="news_list-1dYUdgWQ "]')
    for each_movie in movies:
    item = MovieItem()
   item['name'] = each_movie.xpath('./p/a').extract()
         yield item
```

语句 yield item 表示调用管道。parse() 函数用于处理每个 Request 返回的 Response。

简单地讲,parse() 通常用来将 Response 中爬取的数据提取为数据字典或者过滤出 URL,然后继续发出 Request 进行进一步爬取。

代码如图 4-25 所示。

```
1   import scrapy
2   from movie.items import MovieItem
3   class MeijuSpider(scrapy.Spider):
4       name = "meiju"
5       allowed_domains = ["ifeng.com/"]
6       start_urls = ['https://www.ifeng.com/']
7       def parse(self, response):
8           movies = response.xpath('//div[@class="news_list-1dYUdgWQ "]')
9           for each_movie in movies:
10              item = MovieItem()
11              item['name'] = each_movie.xpath('./p/a').extract()
12              yield item
13
```

图 4-25 Spiders 代码

2)书写 Item 代码。

在 items.py 中输入以下代码:

```
import scrapy
class MovieItem(scrapy.Item):
  # define the fields for your item here like:
  # name = scrapy.Field()
    name = scrapy.Field()
```

Items 中的注释是告诉人们定义数据结构的语法是怎样的。例如,人们想要下载图片、图片的名字这两项内容,并把图片保存成本地的 .jpg 或 .png 格式,图片的名字写入一个 json 文件中,那么在这里,定义数据结构的代码是这样的:

```
class PipedemoItem(scrapy.Item):
    # define the fields for your item here like:
    # name = scrapy.Field()
    pic = scrapy.Field()
    pic_name = scrapy.Field()
  pass
```

3)书写 Settings 代码。

在 settings.py 中增加如下代码:

ITEM_PIPELINES = {'movie.pipelines.MoviePipeline':100}

该代码为项目管道,100 代表激活的优先级,越小越优先,取值 1 到 1000。Pipelines 使用之前需要在 Settings 中开启。

Settings 中的常见参数及其含义见表 4-4。

表 4-4 Settings 中的常见参数及其含义

参数	含义
BOT_NAME	Scrapy 项目名称
SPIDER_MODULES	Scrapy 查找 Spider 的路径
NEWSPIDER_MODULE	指定使用 genspider 时创建 Spider 的路径
USER_AGENT	爬虫时使用的默认 User-Agent
ROBOTSTXT_OBEY	表示遵不遵守君子协议，默认 False
CONCURRENT_REQUESTS	Scrapy 下载程序将执行的最大并发（即同时）请求数，默认 16
DOWNLOAD_DELAY	下载延时，限制爬虫速度，防止过快被封
CONCURRENT_REQUESTS_PER_DOMAIN	将对任何单个域执行的最大并发（即同时）请求数
COOKIES_ENABLED	是否启用 cookies，如果启用，同时也会启用 cookies 中间件，默认是开
TELNETCONSOLE_ENABLED	是否启用 Telnet
DEFAULT_REQUEST_HEADERS	配置请求头，项目全局配置
SPIDER_MIDDLEWARES	启用的 Spider 中间件，数字越高优先级越高
DOWNLOADER_MIDDLEWARES	下载器中间件
ITEM_PIPELINES	启用的 Item 管道
HTTPCACHE_ENABLED	是否启用 HTTP 缓存
HTTPCACHE_EXPIRATION_SECS	缓存请求的到期时间，以秒（s）为单位
HTTPCACHE_STORAGE	实现缓存存储后端的类

settings.py 中的设置如图 4-26 所示。

4）书写 Pipelines 代码。

在 pipelines.py 中输入如下代码：

```
import json
class MoviePipeline(object):
    def process_item(self, item, spider):
        return item
```

pipelines 中常用的方法如下。

- process_item(self,item,spider)：每一个 Item Pipeline 都会调用这个方法，用来处理 Item，返回值为 item 或 dict。process_item(self, item, spider) 函数的传入参数

item 是在 items.py 中定义的数据结构对应的数据，也就是说 item 本身包含了人们传入的初步数据。根据 Scrapy 框架的工作原理，管道是对数据的二次处理，所以程序会先在爬虫文件中对数据进行解析，解析后的数据才会放进 item 中，并传入 process_item(self, item, spider) 函数。

```
# -*- coding: utf-8 -*-

# Scrapy settings for movie project
#
# For simplicity, this file contains only settings considered important or
# commonly used. You can find more settings consulting the documentation:
#
#     https://doc.scrapy.org/en/latest/topics/settings.html
#     https://doc.scrapy.org/en/latest/topics/downloader-middleware.html
#     https://doc.scrapy.org/en/latest/topics/spider-middleware.html

BOT_NAME = 'movie'

SPIDER_MODULES = ['movie.spiders']
NEWSPIDER_MODULE = 'movie.spiders'
ITEM_PIPELINES = {'movie.pipelines.MoviePipeline':100}

# Crawl responsibly by identifying yourself (and your website) on the user-agent
#USER_AGENT = 'movie (+http://www.yourdomain.com)'

# Obey robots.txt rules
ROBOTSTXT_OBEY = True

# Configure maximum concurrent requests performed by Scrapy (default: 16)
#CONCURRENT_REQUESTS = 32

# Configure a delay for requests for the same website (default: 0)
# See https://doc.scrapy.org/en/latest/topics/settings.html#download-delay
# See also autothrottle settings and docs
#DOWNLOAD_DELAY = 3
# The download delay setting will honor only one of:
#CONCURRENT_REQUESTS_PER_DOMAIN = 16
#CONCURRENT_REQUESTS_PER_IP = 16

# Disable cookies (enabled by default)
#COOKIES_ENABLED = False

# Disable Telnet Console (enabled by default)
#TELNETCONSOLE_ENABLED = False

# Override the default request headers:
#DEFAULT_REQUEST_HEADERS = {
#   'Accept': 'text/html,application/xhtml+xml,application/xml;q=0.9,*/*;q=0.8',
#   'Accept-Language': 'en',
#}
```

图 4-26　settings.py 中设置

- open_spider(self, spider)：在爬虫开启的时候执行。
- close_spider(self, spider)：在爬虫关闭的时候仅执行一次。
- open_spider() 和 close_spider()：这两个函数可以避免程序反复打开和关闭文件，把打开文件和关闭文件的操作放入这两个函数中，在 process_item() 函数中执行具体写入操作。

值得注意的是：不同的 Pipeline 可以处理不同爬虫的数据，通过 spider.name 属性来区分。不同的 Pipeline 能够对一个或多个爬虫进行不同的数据处理，比如一个进行数据清洗，一个进行数据保存。同一个管道类也可以处理不同爬虫的数据，通过 spider.name 属性来区分。有多个 Pipeline 的时候，process_item 方法必须回到 item，否则后一个

Pipeline 抓取到的数据为 None 值。

以同时抓取网页页面和下载图片为例。

步骤 1：首先在 settings 里面设置 ITEM_PIPELINES，代码如下：

```
ITEM_PIPELINES = {
    # 网页抓取
    'douban.pipelines.doubanPipeline': 10,
    # 文件下载
    'douban.pipelines.doubanFilePipeline': 100,
}
# 图片下载地址
FILES_STORE    ='D:\\1'
FILES_EXPIRES = 90  #90 天内抓取的都不会被重抓
```

步骤 2：接着在 pipeline 里面定义，代码如下：

```
import scrapy
from scrapy.pipelines.files import FilesPipeline
from scrapy.pipelines.images import ImagesPipeline
from scrapy.exceptions import DropItem
from douban.items import doubanTextItem,doubanItem
import json
class doubanPipeline(object):
    def process_item(self, item, spider):
        if isinstance(item,doubanTextItem):     # 判断 item 是否为 doubanTextItem 类型
            name = item['title'] + '.txt'
            with open(name, 'a', encoding='utf-8') as f:
                text = "".join(item['text'])
                f.write(text)
        return item                              # 返回 item
class doubanFilePipeline(FilesPipeline):
    def file_path(self, request, response=None, info=None):
        image_guid = request.url.split('/')[-1]
        file_name = image_guid.split('.')[0] + '.jpg'
        name = request.meta['name']
        if len(name):
            file_name=name+'/'+file_name
        return 'full/%s' % (file_name)
    def get_media_requests(self, item, info):
        if isinstance(item, doubanItem):     # 判断 item 是否为 doubanItem 类型
            for image_url in item['file_urls']:
                if 'http' in image_url:
                    name = item['name']
```

```
                    yield scrapy.Request(url=image_url, meta={'name': name})
    def item_completed(self, results, item, info):
        if isinstance(item, doubanItem):
            image_paths = [x['path'] for ok, x in results if ok]
            if not image_paths:
                raise DropItem("Item contains no images")
            # item['image_paths'] = image_paths
            return item
```

此外，在 process_item 中还可以进行数据清洗，代码如下：

```
def process_item (self, item, spider):
     if item[ ‘id ‘] in self.ids_seen:
         raise DropItem("Duplicate item found: %s" % item)
   else:
       self.ids_seen.add(item[ ‘id ‘])
        return itemem
```

函数 process_item() 方法：首先判断 item 数据中的 id 是否重复，重复的就将其抛弃，否则就增加到 id，然后传给下个管道。

（5）运行程序。

最后，在爬虫根目录中执行以下命令：

```
scrapy crawl meiju
```

其中，“meiju”表示该爬虫 Spider 的名称，爬取的状态码如图 4－27 所示。

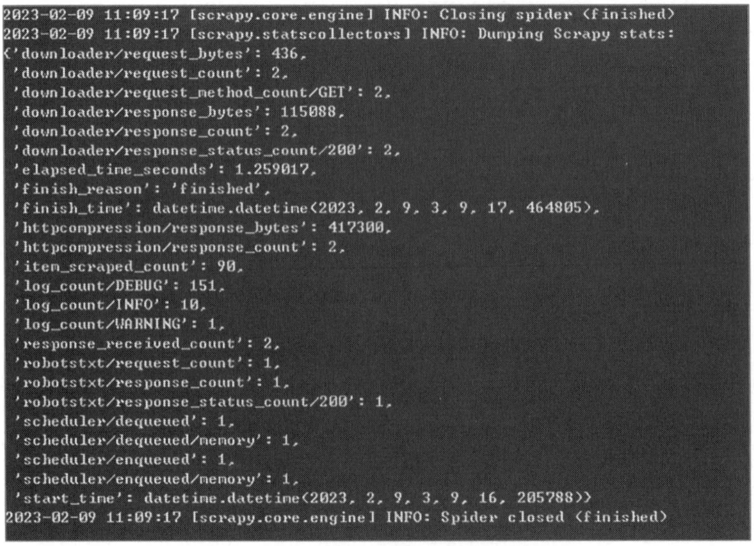

```
2023-02-09 11:09:17 [scrapy.core.engine] INFO: Closing spider (finished)
2023-02-09 11:09:17 [scrapy.statscollectors] INFO: Dumping Scrapy stats:
{'downloader/request_bytes': 436,
 'downloader/request_count': 2,
 'downloader/request_method_count/GET': 2,
 'downloader/response_bytes': 115088,
 'downloader/response_count': 2,
 'downloader/response_status_count/200': 2,
 'elapsed_time_seconds': 1.259017,
 'finish_reason': 'finished',
 'finish_time': datetime.datetime(2023, 2, 9, 3, 9, 17, 464805),
 'httpcompression/response_bytes': 417300,
 'httpcompression/response_count': 2,
 'item_scraped_count': 90,
 'log_count/DEBUG': 151,
 'log_count/INFO': 10,
 'log_count/WARNING': 1,
 'response_received_count': 2,
 'robotstxt/request_count': 1,
 'robotstxt/response_count': 1,
 'robotstxt/response_status_count/200': 1,
 'scheduler/dequeued': 1,
 'scheduler/dequeued/memory': 1,
 'scheduler/enqueued': 1,
 'scheduler/enqueued/memory': 1,
 'start_time': datetime.datetime(2023, 2, 9, 3, 9, 16, 205788)}
2023-02-09 11:09:17 [scrapy.core.engine] INFO: Spider closed (finished)
```

图 4－27　爬取的状态码

在［例 4－3］中使用代码 movies = response.xpath('//div[@class="news_list-1dYUdgWQ "]') 爬

取了 div 中的网页元素内容，并定位到 item['name'] = each_movie.xpath('./p/a').extract()。

在具体实现中，Scrapy 使用 CSS 和 Xpath 选择器来定位元素，它的基本方法如下。
- Xpath()：返回选择器列表，每个选择器代表使用 Xpath 语法选择的节点。
- CSS()：返回选择器列表，每个选择器代表使用 CSS 语法选择的节点。

[例 4-3] 使用了 Xpath 语法来定位网页元素。

Scrapy 使用自己的机制来提取数据，这就是 Scrapy 的 Selector。在 Scrapy 中要提取 HTML 中的数据，可以使用以下 3 种方式。
- response.selector.css() 或 response.selector.xpath()
- response.css()。::text 表示提取该元素的文本内容，::attr(name) 表示提取该元素的某属性值。
- response.xpath()

以上 3 种方式的返回值都是 SelectorList 的实例对象，对此实例对象调用 get() 或 .getall() 方法，分别获得第一个符合条件的元素和所有符合条件元素的 list。

此外，使用 .attrib 属性可以获取提取的元素中的某属性值。

使用一个 Response 对象构造 Selector 对象。例如：

```
>>> from scrapy.selector import Selector
>>> from scrapy.http import HtmlResponse
>>> text = """
<html>
 <body>
    <h1>hello world</h1>
    <h1>hello scrapy</h1>
    <b>hello python</b>
    <ul>
        <li>c++</li>
        <li>java</li>
        <li>python<li>
    </ul>
 </body>
</html>
"""
>>>        response = HtmlResponse(url = "http://www.example.com",body = text,encoding = "utf8")
>>> selector = Selector(response = response)
>>> selector
<Selector xpath=None data='<html>\n\t<body>\n\t\t<h1>hello  world</h1>\n\t\t'>
```

值得注意的是：在实际开发中，人们一般不需要手动创建 Selector 对象，在第一次访问一个 Response 对象的 Selector 属性时，Response 对象内部会以自身为参数自动创建 Selector 对象，并将 Selector 对象缓存，以便下次使用。

4.4 项目小结

本项目首先介绍了 Scrapy 框架的概念和特点，然后介绍了 Scrapy 框架的安装与结构，最后介绍了 Scrapy 框架的基本语法与使用方式。

通过本项目的学习，读者能够对 Scrapy 框架以及其相关特性有一个概念上的认识，需要重点掌握的是 Scrapy 框架的工作流程的特点以及如何使用下载安装 Scrapy 框架，并使用 Scrapy 框架爬取网页数据。

4.5 实训

本实训主要介绍 Scrapy 框架的应用，网址为 http://sports.sina.com.cn/global/。

（1）打开网址运行网页内容如图 4-28、图 4-29 所示。

图 4-28　网页内容

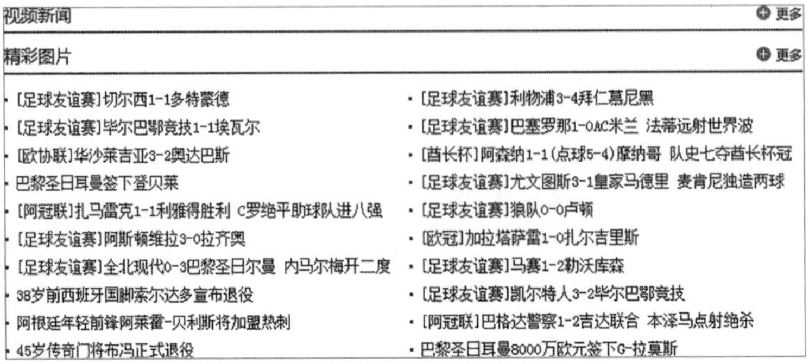

图 4-29　网页内容

（2）在 Scrapy 中新建爬虫文件为 movie，在 Spider 中的 meiju.py 中写入以下代码：

```
import scrapy
from movie.items import MovieItem
class MeijuSpider(scrapy.Spider):
    name = "meiju"
    allowed_domains = ["meijutt.com"]
    start_urls = ['http://sports.sina.com.cn/global/']
    def parse(self, response):
        movies = response.xpath('//ul[@class="ul-type1"]')
        for each_movie in movies:
            item = MovieItem()
            item['name'] = each_movie.xpath('./li/a').extract()
            yield item
```

（3）在 items 中写入以下代码：

```
import scrapy
class MovieItem(scrapy.Item):
    # define the fields for your item here like:
    # name = scrapy.Field()
    name = scrapy.Field()
```

（4）在 settings 中设置内容如下：

```
BOT_NAME = 'movie'
SPIDER_MODULES = ['movie.spiders']
NEWSPIDER_MODULE = 'movie.spiders'
ITEM_PIPELINES = {'movie.pipelines.MoviePipeline':100}
# Crawl responsibly by identifying yourself (and your website) on the user-agent
#USER_AGENT = 'movie (+http://www.yourdomain.com)'
# Obey robots.txt rules
ROBOTSTXT_OBEY = True
```

（5）在 pipelines 写入代码如下：

```
import json
class MoviePipeline(object):
    def process_item(self,item,spider):
        return item
```

（6）在爬虫根目录中输入"scrapy crawl meiju"命令运行该爬虫，运行结果如图 4-30、图 4-31 所示。

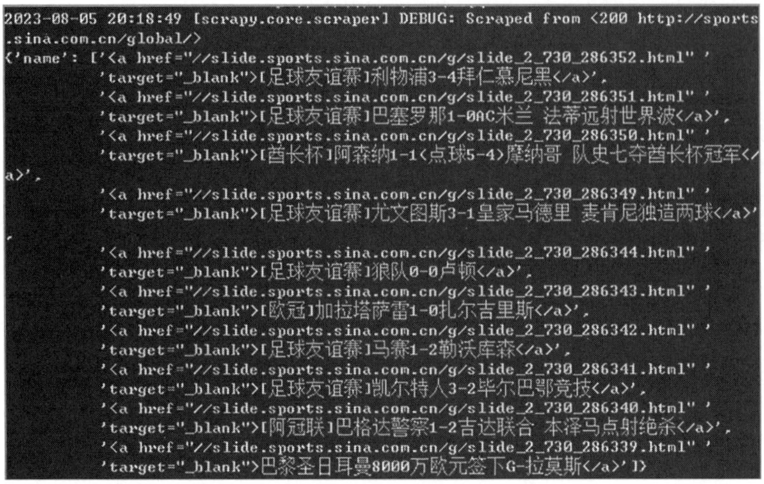

```
2023-08-05 20:18:49 [scrapy.core.scraper] DEBUG: Scraped from <200 http://sports
.sina.com.cn/global/>
{'name': ['<a href="//slide.sports.sina.com.cn/g/slide_2_730_286352.html" '
          'target="_blank">[足球友谊赛]利物浦3-4拜仁慕尼黑</a>',
          '<a href="//slide.sports.sina.com.cn/g/slide_2_730_286351.html" '
          'target="_blank">[足球友谊赛]巴塞罗那1-0AC米兰 法蒂远射世界波</a>',
          '<a href="//slide.sports.sina.com.cn/g/slide_2_730_286350.html" '
          'target="_blank">[酋长杯]阿森纳1-1(点球5-4)摩纳哥 队史七夺酋长杯冠军</
a>',
          '<a href="//slide.sports.sina.com.cn/g/slide_2_730_286349.html" '
          'target="_blank">[足球友谊赛]尤文图斯3-1皇家马德里 麦肯尼独造两球</a>'
,
          '<a href="//slide.sports.sina.com.cn/g/slide_2_730_286344.html" '
          'target="_blank">[足球友谊赛]狼队0-0卢顿</a>',
          '<a href="//slide.sports.sina.com.cn/g/slide_2_730_286343.html" '
          'target="_blank">[欧冠]加拉塔萨雷1-0扎尔吉里斯</a>',
          '<a href="//slide.sports.sina.com.cn/g/slide_2_730_286342.html" '
          'target="_blank">[足球友谊赛]马赛1-2勒沃库森</a>',
          '<a href="//slide.sports.sina.com.cn/g/slide_2_730_286341.html" '
          'target="_blank">[足球友谊赛]凯尔特人3-2毕尔巴鄂竞技</a>',
          '<a href="//slide.sports.sina.com.cn/g/slide_2_730_286340.html" '
          'target="_blank">[阿冠联]巴格达警察1-2吉达联合 本泽马点射绝杀</a>',
          '<a href="//slide.sports.sina.com.cn/g/slide_2_730_286339.html" '
          'target="_blank">巴黎圣日耳曼8000万欧元签下G-拉莫斯</a>']}
```

图 4－30　运行结果

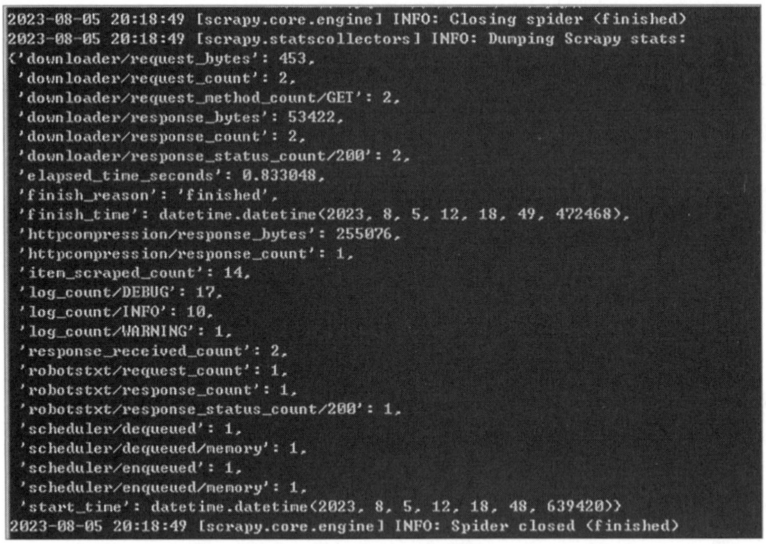

```
2023-08-05 20:18:49 [scrapy.core.engine] INFO: Closing spider (finished)
2023-08-05 20:18:49 [scrapy.statscollectors] INFO: Dumping Scrapy stats:
{'downloader/request_bytes': 453,
 'downloader/request_count': 2,
 'downloader/request_method_count/GET': 2,
 'downloader/response_bytes': 53422,
 'downloader/response_count': 2,
 'downloader/response_status_count/200': 2,
 'elapsed_time_seconds': 0.833048,
 'finish_reason': 'finished',
 'finish_time': datetime.datetime(2023, 8, 5, 12, 18, 49, 472468),
 'httpcompression/response_bytes': 255076,
 'httpcompression/response_count': 1,
 'item_scraped_count': 14,
 'log_count/DEBUG': 17,
 'log_count/INFO': 10,
 'log_count/WARNING': 1,
 'response_received_count': 2,
 'robotstxt/request_count': 1,
 'robotstxt/response_count': 1,
 'robotstxt/response_status_count/200': 1,
 'scheduler/dequeued': 1,
 'scheduler/dequeued/memory': 1,
 'scheduler/enqueued': 1,
 'scheduler/enqueued/memory': 1,
 'start_time': datetime.datetime(2023, 8, 5, 12, 18, 48, 639420)}
2023-08-05 20:18:49 [scrapy.core.engine] INFO: Spider closed (finished)
```

图 4－31　运行结果

4.6 习题

一、简答题

1. 简述如何安装 Scrapy 框架。
2. 简述 Scrapy 框架的基本原理。
3. 简述如何进行 Scrapy 项目。

二、编程题

下载安装 Scrapy 框架，并使用该框架爬取网页中的数据。

项目 5

爬取动态网页

教学目标

知识目标

- 了解动态网页应用场景。
- 理解动态网页特征。
- 理解动态网页工作原理。
- 理解 AJAX 和 API。
- 熟悉 IE 开发者工具。
- 掌握 JSON 库的应用。
- 掌握异步 GET 与 POST 请求。

能力目标

- 会查看动态网页中的请求和数据接口。
- 会使用 IE 开发者工具爬取数据。
- 会利用 JSON 库转换数据格式。
- 会分析动态网页数据请求方式。

素养目标

- 培养学生的法律意识，规范收集、存储、处理网络数据。
- 强化学生对网络重要数据加以保护的意识。
- 培养学生积极维护网络空间主权和国家安全的意识。

5.1 应用场景

我们已经学习了如何爬取静态网页数据,但是在实际过程中,常常会遇到需要爬取动态网页数据的情况。我们知道,每单击一个链接,浏览器就会短暂地"白屏"一下,然后才会进入一个新的页面。不同的页面,网址也是不一样的。随着技术的不断进步,现在不少网站已经引入异步加载技术,单击新的链接以后,几乎看不到"白屏"的现象了。而且更神奇的是,单击链接后,网页中的内容已经发生了改变,但是网址没有变。还有一些内容可以部分变化刷新。

在本项目中,我们学习动态网页特征、动态网页爬取的相关知识,通过典型的案例,来详细介绍爬取动态网页数据的基本思路和步骤。

5.2 动态网页特征

5.2.1 认识动态网页

网页有动态网页和静态网页。静态网页在浏览器中展示的内容都位于 HTML 源代码中。动态网页是指跟静态网页相对的一种网页编程技术。静态网页随着 HTML 代码的生成,页面的内容和显示效果基本不会发生变化,除非修改页面代码。而动态网页则不然,页面代码虽然没有变,但显示的内容却是可以随着时间、环境或者数据库操作的结果而发生改变。

值得强调的是,不能将动态网页和页面内容是否有动感混为一谈。这里说的动态网页,与网页上的各种动画、滚动字幕等视觉上的动态效果没有直接关系,动态网页也可以是纯文字的内容,也可以是包含各种动画的内容,这些只是网页具体内容的表现形式,无论网页是否具有动态效果,只要采用了动态网站技术生成的网页都可以称为动态网页。

现在主流网站基本上都是动态网页,这些网页大多使用 JavaScript 展现网页内容,与静态网页不同的是,使用 JavaScript 时,很多内容并不会出现在 HTML 源代码中。

例如,简书的动态网页,打开页面如图 5-1 所示。

图 5-1 简书动态网页

5.2.2 源代码特征

首先,简单看一下动态网页的特征:从源代码的特征看,动态网页的数据不会出现在网页源代码中,而是被"藏"起来了。

在浏览器地址栏输入以下网址,可以看到百度翻译,页面如图5-2所示。

网址:https://fanyi.baidu.com/translate?aldtype=16047&query=&keyfrom=baidu&smartresult=dict&lang=auto2zh#auto/zh/。

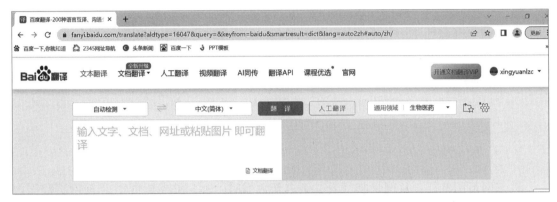

图 5-2 百度翻译

翻译文本框里输入"网络爬虫",网页上会显示出网络爬虫的相关释义与例句等,如图5-3所示。

图 5-3 翻译"网络爬虫"

在当前网页上右键单击,在菜单栏中选择"查看网页源代码"。浏览器右上角单击"更新",点击"查找",输入"网络爬虫",显示结果为"0/0"。发现在网页源代码中没有网络爬虫数据信息,说明如果对网页源代码进行网络爬取数据时,采集不到所需要的数据信息，网页源代码如图5-4所示。

图5-4 网页源代码

5.2.3 网址特征

动态网页的特征：从网址特征看，请求新数据时（如下拉或翻页），当前网页数据内容已更新变化，而网址不会变化。

在浏览器地址栏输入地址"https://www.douban.com/gallery/"，可以看到豆瓣话题广场，页面如图5-5所示。

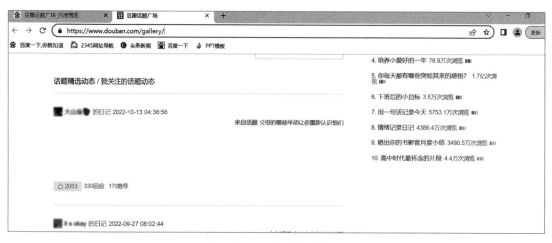

图5-5 豆瓣话题广场

拖动右侧的下拉滚动条，话题精选动态内容会不断增加，地址栏的网址始终没有改变。

5.2.4 技术特征

动态网页的特征：从技术特征看，常用以下4种动态网页技术。

（1）CGI。

动态网页技术早期主要采用 CGI 技术，即 Common Gateway Interface（公用网关接口）。使用不同的程序编写合适的 CGI 程序，如 Visual Basic、Delphi 或 C/C++ 等。虽然 CGI 技术成熟，而且功能强大，但由于编程困难、效率低下、修改复杂等缺陷，所以有逐渐被新技术取代的趋势。用户将已经写好的程序放在 Web 服务器的计算机上运行，再将其运行结果通过 Web 服务器传输到客户端的浏览器上。通过 CGI 建立 Web 页面与脚本程序之间的联系，并且可以利用脚本程序来处理访问者输入的信息并据此作出响应。

1）CGI 优点。

- 采用 Perl（Practical Extraction and Report Language，文字分析报告语言）编写 CGI 的技术，具有强大的字符串处理能力。
- 特别适合用于分割处理客户端 Form 提交的数据串。

2）CGI 缺点。

- 每一次修改程序都必须重新将 CGI 程序编译成可执行文件。
- 通常编译方式比较困难，而且效率低下。

（2）ASP。

ASP 是一种服务器端脚本编写环境，可以用来创建和运行动态网页或 Web 应用程序。ASP 网页可以包含 HTML 标记、普通文本、脚本命令以及 COM 组件等。利用 ASP 可以向网页中添加交互式内容（如在线表单），也可以创建使用 HTML 网页作为用户界面的 Web 应用程序。

Active：ASP 使用了 Microsoft 的 ActiveX（COM）技术。ActiveX 技术是现在 Microsoft 软件的重要基础。它采用封装对象，程序调用对象的技术，简化编程，加强程序间合作。ASP 本身封装了一些基本组件和常用组件，有很多公司也开发了很多实用组件。只要你可以在服务器上安装这些组件，通过访问组件，你就可以快速、简易地建立自己的 Web 应用。

Server：ASP 运行在服务器端。这样就不必担心浏览器是否支持 ASP 所使用的编程语言。ASP 的编程语言可以是 VBSCRIPT 和 JSCRIPT。VBSCRIPT 是 VB 的一个简集，会 VB 的人可以很方便地快速上手。然而 Netscape 浏览器不支持客户端的 VBSCRIPT，所以最好不要在客户端使用 VBSCRIPT。而在服务器端，则无须考虑浏览器的支持问题。Netscape 浏览器也可以正常显示 ASP 页面。

Pages：ASP 返回标准的 HTML 页面，可以正常地在常用的浏览器中显示。浏览者查看页面源文件时，看到的是 ASP 生成的 HTML 代码，而不是 ASP 程序代码。这样就可以防止别人抄袭程序。

1）ASP 优点。

- 学习容易，手册和教学书籍资料丰富，方便开发人员的学习和对技术的深入研究。
- 安装使用方便。只要安装了 IIS，ASP 就可以使用了，不需要复杂配置。
- 开发工具强大而丰富。

- 效率高。低的访问量下，ASP 也能体现出一定的效率。

2）ASP 缺点。

- Windows 本身的所有问题都会一成不变地累加到 ASP 身上。安全性、稳定性、跨平台性都会因为与 NT 的捆绑而显现出来。
- ASP 由于使用了 COM 组件，所以十分强大，但由于 Windows NT 系统最初的设计会引发大量的安全问题。只要在这样的组件或是操作中稍不注意，外部攻击就可以取得相当高的权限而导致网站瘫痪或者数据丢失。
- 由于 ASP 还是一种 Script 语言，所以除了大量使用组件外，没有办法提高其工作效率。它必须面对即时编译的时间考验，同时还不知其背后的组件会是一个什么样的状况。
- ASP 无法实现跨操作系统的应用和一些企业级的功能。

（3）PHP。

PHP（Hypertext Preprocessor）是一种 HTML 内嵌式的语言，类似于 IIS 上的 ASP。而 PHP 独特的语法混合了 C、Java、Perl 以及 PHP 式的新语法。它可以比 CGI 或者 Perl 更快速地执行动态网页。PHP 是一种服务器端的 HTML 脚本/编程语言，语法与 C 相似，可运行在 Apache、Netscape/iPlanet 和 MicrosoftIIS Web 等服务器上。

PHP 能够支持诸多数据库，如 MS SQL Server、MySQL、Sybase、Oracle 等。

它与 HTML 语言具有非常好的兼容性，使用者可以直接在脚本代码中加入 HTML 标签，或者在 HTML 标签中加入脚本代码，从而更好地实现页面控制。PHP 提供了标准的数据库接口，数据库连接方便、兼容性强、扩展性强，可以进行面向对象编程。

1）PHP 优点。

- PHP 是一种能快速学习、跨平台、有良好数据库交互能力的开发语言。ASP 比不上 PHP 的跨平台能力，而正是 PHP 的这种能力让 Unix/Linux 有了一种与 ASP 媲美的开发语言。语法简单、书写容易，市面上也有了大量的教程，同时 Internet 上也有大量的代码可以共享，对于初学者来说，如果想学一些"高深的 Unix"下的开发，是一个绝好的入手点。
- 与 Apache 及其他扩展库结合紧密。PHP 与 Apache 可以以静态编译的方式结合起来，而与其他的扩展库也可以用这样的方式结合（不包括 Windows 平台）。这样结合的方式，其最大的好处就是最大化地利用了 CPU 和内存，同时极为有效地利用了 Apache 的高性能吞吐能力。同时外部的扩展也是静态连编，从而达到了最快的运行速度。由于与数据库的接口也使用了这样的方式，所以使用的是本地化的调用，这也让数据库发挥了最佳效能。
- 良好的安全性。由于 PHP 本身的代码是开放的，所以它的代码在许多工程师手中进行了检测，同时它与 Apache 编译在一起的方式也可以让它具有灵活的安全设定。所以 PHP 具有公认的安全性能。

2）PHP 缺点。
- 数据库支持的极大变化。由于 PHP 的所有扩展接口都是独立团队开发完成的，同时在开发时为了形成相应数据的个性化操作，所以 PHP 虽然支持许多数据库，但针对每种数据库的开发语言都完全不同。这样就形成一种情况：某种语言的数据库升级后需要开发人员进行几乎全部的代码更改工作。为了让应用支持更多种的数据库，就需要开发人员将同样的数据库操作使用不同的代码写出多种代码库，让程序员的工作量大大增大。
- 安装复杂。由于 PHP 的每一种扩充模块并不是完全由 PHP 本身来完成，需要许多外部的应用库，如图形需要 gd 库、LDAP 需要 LDAP 库……这样在安装完成相应的应用后，再联编进 PHP 中来。这也是为什么一定要在 FreeBSD/Linux/Unix 下运行 PHP 的原因，因为只有在这些环境下才能方便地编译对应的扩展库。这些都是一般开发人员在使用 PHP 前要面对的问题，正是这样的问题让许多开发人员转而使用其他的开发语言，毕竟 Unix 的用户不多。
- 缺少企业级的支持。没有组件的支持，所有的扩充就只能依靠 PHP 开发组所给出的接口，事实上这样的接口还不够多。同时难以将集群、应用服务器这样的特性加入到系统中去。而一个大型的站点或一个企业级的应用一定需要这样的支持。

（4）JSP。

动态网页设计中选择合理的数据传递方式是非常重要的。JSP 网页间的数据传递有许多种不同的方法，而当页面之间需要传递的数据量不确定时，通常的方法难以实现。

JSP 页面由 HTML 代码和嵌入其中的 Java 代码组成。服务器在页面被客户端请求以后，对这些 Java 代码进行处理，然后将生成的 HTML 页面返回给客户端的浏览器。Java Servlet 是 JSP 的技术基础，而且大型的 Web 应用程序的开发需要 Java Servlet 和 JSP 配合才能完成。JSP 具备了 Java 技术的简单易用，完全的面向对象，具有平台无关性且安全可靠，主要面向 Internet 的所有特点。

1）JSP 优点。
- 一次编写，到处运行。在这一点上 Java 比 PHP 更出色，除系统外，代码不用做任何更改。
- 系统的多平台支持。基本上可以在所有平台上的任意环境中开发，在任意环境中进行系统部署，在任意环境中扩展。相比之下，ASP/PHP 的局限性是显而易见的。
- 强大的可伸缩性。从只有一个小的 Jar 文件就可以运行 Servlet/JSP，到由多台服务器进行集群和负载均衡，到多台 Application 进行事务处理、消息处理，一台服务器到无数台服务器，Java 显示了一个巨大的生命力。
- 多样化和功能强大的开发工具支持。这一点与 ASP 很像，Java 已经有了许多非常优秀的开发工具，而且许多可以免费得到，并且其中许多已经可以顺利地运行于多种平台之下。

2）JSP 缺点。
- 与 ASP 一样，Java 的一些优势正是它致命的问题所在。正是由于为了跨平台的功能，为了极度的伸缩能力，所以极大地增加了产品的复杂性。
- Java 的运行速度是用 class 常驻内存来完成的，所以它在一些情况下所使用的内存比起用户数量来说确实是"最低性价比"了。另外，它还需要硬盘空间来储存一系列的 .java 文件和 .class 文件，以及对应的版本文件。

5.3 动态网页爬取

5.3.1 动态网页工作原理

当用户请求的是一个动态网页时，服务器要做更多的工作才能把用户请求的信息发送回去，服务器一般按照以下步骤进行工作。

步骤 1：服务器端接受请求。

步骤 2：Web 服务器从服务器硬盘指定的位置或内存中读取动态网页文件。

步骤 3：执行网页文件的程序代码，将含有程序代码的动态网页转化为标准的静态页面（如 HTML）。

步骤 4：Web 服务器将生成的静态页面代码发送给请求浏览器。

图 5-6 显示了动态网页工作原理。

动态网页的工作原理

图 5-6 动态网页工作原理

动态网页对应的网页实体是在执行程序过程中动态生成的，页面内容和 HTML 源代码不一样。所以用 Requests 无法返回，对应的只有渲染前的 HTML 元素。

5.3.2 AJAX

动态网页就是 Asynchronous Javascript and XML（简称"AJAX"），也就是异步 JavaScript 和 XML。动态网页在后台服务器进行少量数据交换就可以使网页实现异步更新。它是一种使用现有技术集合的"新"方法，包括 HTML 或 XHTML、CSS、JavaScript、DOM、XML、XSLT，以及最重要的 XMLHttpRequest。使用 Ajax 技术网页应用能够快速地将增量更新呈现在用户界面上，而不需要重载（刷新）整个页面，这使得程序能够更快地回应用户的操作。

简单来说，就是使用 AJAX 技术可以在不刷新网页的情况下更新网页数据。使用 AJAX 技术的网页，一般会使用 HTML 编写网页的框架。在打开网页的时候，首先加载的是框架，剩下的部分将会在框架加载完成以后再通过 JavaScript 从后台加载。这么做的好处是：一方面减少了网页重复内容的下载，另一方面节省了流量，因此 AJAX 得到了广泛应用。相比于静态页面，使用 AJAX 的页面可以使互联网应用程序更小更快，但是 AJAX 网页的爬虫过程比较麻烦。

在具体网页代码中，AJAX 一般通过 XMLHttpRequest 对象接口发送请求，XMLHttpRequest 一般被缩写为"XHR"。用户点击网络面板上漏斗形的过滤按钮，可以过滤出 XHR 请求，再挨个查看每个请求，通过访问路径和预览，即可找到包含信息的请求。

XMLHttpRequest 对象通过 responseText、responseBody、responseStream 或 responseXML 属性获取响应信息，如表 5-1 所示。

表 5-1 XMLHttpRequest 对象响应信息属性

响应信息	描述
responseBody	将响应信息正文以 Unsigned Byte 数组形式返回
responseStream	以 ADO Stream 对象的形式返回响应信息
responseText	将响应信息作为字符串返回
responseXML	将响应信息格式化为 XML 文档格式返回

在实际应用中，一般将格式设置为 XML、HTML、JSON 或其他纯文本格式。

（1）XMLHttpRequest 对象的常见属性。

XMLHttpRequest 对象中的常见属性如下。

- XMLHttpRequest.response 属性表示服务器返回的数据体（即 HTTP 回应的 body 部分）。它可能是任何数据类型，比如字符串、对象、二进制对象等，具体的类型由 XMLHttpRequest.responseType 属性决定。该属性只读。
- XMLHttpRequest.responseType 属性是一个字符串，表示服务器返回数据的类型。这个属性是可写的，可以在调用 open() 方法之后、调用 send() 方法之前，设置这个属性的值，告诉浏览器如何解读返回的数据。如果 responseType 设为空字符串，就等同于默认值 text。
- XMLHttpRequest.responseURL 属性是字符串，表示发送数据的服务器的网址。这个属性的值与 open() 方法指定的请求网址不一定相同。如果服务器端发生跳转，这个属性返回最后实际返回数据的网址。另外，如果原始 URL 包括锚点（fragment），该属性会把锚点剥离。

- XMLHttpRequest.status 属性返回一个整数，表示服务器回应的 HTTP 状态码。一般来说，如果通信成功的话，这个状态码是 200；如果服务器没有返回状态码，那么这个属性默认是 200。请求发出之前，该属性为 0。该属性只读。
- XMLHttpRequest.timeout 属性返回一个整数，表示多少毫秒后，如果请求仍然没有得到结果，就会自动终止。如果该属性等于 0，就表示没有时间限制。

（2）XMLHttpRequest 对事件指定监听函数。

XMLHttpRequest 对象可以对以下事件指定监听函数。

- XMLHttpRequest.onloadstart：loadstart 事件（HTTP 请求发出）的监听函数。
- XMLHttpRequest.onprogress：progress 事件（正在发送和加载数据）的监听函数。
- XMLHttpRequest.onabort：abort 事件［请求中止，比如用户调用了 abort() 方法］的监听函数。
- XMLHttpRequest.onerror：error 事件（请求失败）的监听函数。
- XMLHttpRequest.onload：load 事件（请求成功完成）的监听函数。
- XMLHttpRequest.ontimeout：timeout 事件（用户指定的时限超过了，请求还未完成）的监听函数。
- XMLHttpRequest.onloadend：loadend 事件（请求完成，不管成功或失败）的监听函数。

（3）发送 AJAX 请求。

发送 AJAX 请求到网页更新过程的常见如下步骤。

①发送请求。

JavaScript 可以实现页面的各种交互功能，AJAX 也不例外，它也是由 JavaScript 实现的，实际上执行了如下代码：

```
var xmlhttp;
if (window.XMLHttpRequest) {
        // code for IE7+ , Firefox, Chrome, Opera, Safari
        xmlhttp=new XMLHttpRequest();
} else {// code for IE6, IE5
    xmlhttp=new ActiveXObject("Microsoft.XMLHTTP");
}
xmlhttp.onreadystatechange=function() {
    if (xmlhttp.ready5tate==4 && xmlhttp.status==200) {
    document.getElementById ("myDiv").innerHTML=xmlhttp.responseText;
    }
}
    xmlhttp.open("POST","/ajax/", true);
    xmlhttp.send();
```

这是 JavaScript 对 AJAX 底层的实现，实际上就是新建了 XMLHttpRequest 对象，然后调用 onreadystatechange 属性设置了监听，然后调用 open() 和 send() 方法向某个链接（也就是服务器）发送了请求。前面用 Python 实现请求发送之后，可以得到响应结果，但这里请求的发送变成 JavaScript 来完成，由于设置了监听，所以当服务器返回响应时，onreadystatechange 对应的方法便会被触发，然后在这个方法里面解析响应内容即可。

②解析内容。

得到响应之后，onreadystatechange 属性对应的方法便会被触发，此时利用 xmlhttp 的 response Text 属性便可得到响应内容，这类似于 Python 中利用 Requests 向服务器发起请求，然后得到响应的过程，那么返回内容可能是 HTML，可能是 JSON，接下来只需要在方法中用 JavaScript 处理即可。比如，如果是 JSON 的话，可以进行解析和转化。

③渲染网页。

JavaScript 有改变网页内容的能力，解析完响应内容之后，就可以调用 JavaScript 来针对解析完的内容对网页进行下一步处理了，比如通过 document.getElementByid().innerHTML 这样的操作便可以对某个元素内的源代码进行更改，这时，网页显示的内容就改变了。这样的操作也被称作 DOM 操作，即对 Document 网页文档进行操作，如更改、删除等。

例如，代码 document.getElementByid("myDiv").innerHTML=xmlhttp.responseText 便将 ID 为 myDiv 的节点内部的 HTML 代码更改为服务器返回的内容，这样 myDiv 元素内部便会呈现服务器返回的数据，网页的部分内容看上去就更新了。

[例 5-1] 在百度翻译中输入一个单词，查看翻译结果。

代码如下：

```
import requests
import json
if __name__ == '__main__':
    # 指定url
    url = 'https://fanyi.baidu.com/sug'
    # 进行UA伪装
    header = {
        'User-Agent': 'Mozilla/5.0 (Windows NT 10.0; WOW64) AppleWebKit/537.36 (KHTML, like Gecko) Chrome/70.0.3538.25 Safari/537.36 Core/1.70.3775.400 QQBrowser/10.6.4208.400'
    }
    # 参数处理
    # data 相当于 get 请求中的 params，表示请求所带的参数（也是一个字典类型数据）
    # post 请求参数处理（和 get 请求一致）
    word = input('请输入要翻译的单词：')        # 这样翻译单词就变成动态的了
    data = {
        'kw':word
    }
```

```
# 请求发送
response = requests.post(url=url,data=data,headers=header)
# 获取相应数据
# json()方法返回的是一个对象
# 如果确定相应数据是json类型的,才可以使用json()方法进行对象的返回
dic_obj = response.json()
print(dic_obj)
print('数据打印结束！')
```

输入单词 people 运行结果如下。

请输入要翻译的单词：people

{'errno': 0, 'data': [{'k': 'people', 'v': 'n. 人民；人，人类；居民；种族 vt. 居住于，布满；使……住满人，在……殖民；把动物放养在'}, {'k': 'People', 'v': '[人名] 皮普尔'}, {'k': 'peopled', 'v': 'vt. 居住于，布满（people 的过去式与过去分词形式）'}, {'k': 'peoples', 'v': 'n. 人民；人（people 的名词复数）；家人；种族'}, {'k': 'Peoples', 'v': '[人名] [英格兰人姓氏] 皮普尔斯取自父名，来源于 People，含义是"皮普尔之子"(son of'}]}

数据打印结束！

输入单词 sunday 运行结果如下。

请输入要翻译的单词：sunday

{'errno': 0, 'data': [{'k': 'Sunday', 'v': 'n. 星期日，星期天；每逢星期日出版的报纸；星期日报；[人名] 森迪'}, {'k': 'Sundays', 'v': 'adv. 于每星期日 n. 星期天；星期日（Sunday 的名词复数）；每逢星期日出版的报纸；'}, {'k': 'Sunday run', 'v': 'n. 长距离,星期日旅行'}, {'k': 'Sunday punch', 'v': 'n. 对付敌人最厉害的一招'}, {'k': 'sunday punch', 'v': '[体] 最厉害的一击'}]}

数据打印结束！

5.3.3 API

在动态网页的网页文件中，除有 HTML 外，还有一些特定功能的程序代码。通过这些代码，浏览器与服务器可以交互，即服务器可以根据浏览器的请求生成网页内容。通俗来说，就是当我们打开动态网页时，服务器不会一次性返回所有页面内容，我们需要哪些内容，通过浏览器与服务器交互，服务器再返回对应的内容。这种加载数据的方式称为 API 加载数据。API（Application Programming Interface）即应用程序编程接口，也就是网页和服务器交互的途径。

正是因为服务器不会一次性返回所有页面内容，所以很多数据并不在网页源代码中，因此也就不能用 BeautifulSoup 进行解析和提取（提取结果为空）。这时我们就需要使用动态网页爬虫。

抓取动态页面一般有两种常用方法：一种是通过 JavaScript 逆向工程获取动态数据接口（真实的访问路径），即通过 API 爬取数据。另一种是利用 selenium 库模拟真实浏览

器，获取 JavaScript 渲染后的内容。

本项目主要介绍第一种——通过 API 爬取数据。分析数据接口，找到数据藏的位置，然后请求接口的数据。

在本项目案例介绍中，我们将通过获取接口的方式来爬取动态网页的数据。中心思想就是找到那个发请求的 JavaScript 文件所发的请求。

具体来看，爬取动态网页数据可分为以下步骤。

步骤 1：分析网页结构，查找数据接口；

步骤 2：构造请求头，请求接口数据；

步骤 3：解析接口数据；

步骤 4：储存数据；

如果涉及多页的数据，需要分析接口的变化规律，参看以下步骤。

步骤 1：分析单页网页结构，查找数据接口；

步骤 2：分析接口变化规律，构造接口参数；

步骤 3：循环请求、获取并解析数据；

步骤 4：储存数据。

其实一般我们需要登录的页面大多都是动态页面，它们是有后台、有服务器的，我们所能看见的代码都是前端确认展示的。

5.3.4　IE 开发者工具

动态网页爬取需要利用 Chrome 或者 IE 浏览器打开开发者工具分析网页结构，查找数据接口。本项目采用 IE 浏览器。通过上面的案例，我们知道，在右键菜单中选择"查看网页源码"与右键菜单中选择"检查"打开开发者工具，看到的源代码是不一样的。有些网页，当我们下拉页面时，开发者工具中的源代码还在不断增加，这是 JS 渲染后的源代码，也是当前网站显示内容的源代码。

（1）开发者工具面板。

开发者工具面板上包含了元素面板、控制台面板、源代码面板、网络面板、性能面板、内存面板、应用程序面板、安全性面板等。表 5-2 列出了开发者工具面板的常见名称及功能。

表 5-2　开发者工具面板名称及功能

开发者工具面板名称	功能
Elements 元素	查找网页源代码 HTML 中的任一元素，手动修改任一元素的属性和样式且能实时在浏览器里面得到反馈
Console 控制台	记录开发者开发过程中的日志信息，且可以作为与 JS 进行交互的命令行 Shell

续表

开发者工具面板名称	功能
Sources 源代码	断点调试 JS
Network 网络	从发起网页页面请求 Request 后，分析 HTTP 请求后得到的各个请求资源信息（包括状态、资源类型、大小、所用时间等），可以根据这个进行网络性能优化
Application 应用程序	记录网站加载的所有资源信息，包括存储数据（Local Storage、Session Storage、IndexedDB、Web SQL、Cookies）、缓存数据、字体、图片、脚本、样式表等
Security 安全性	判断当前网页是否安全

（2）Network 面板。

抓取时主要使用"网络"选项卡，"网络面板"记录页面上的网络请求的详情信息，网络面板可记录 HTTP 请求后得到的各个请求资源信息（包括状态、资源类型、大小、所用时间、Request 和 Response 等），可以根据这个进行网络性能优化。该面板主要包括5大块窗格，如图5-7所示。此外，表5-3列出了 Network 窗口名称及功能。

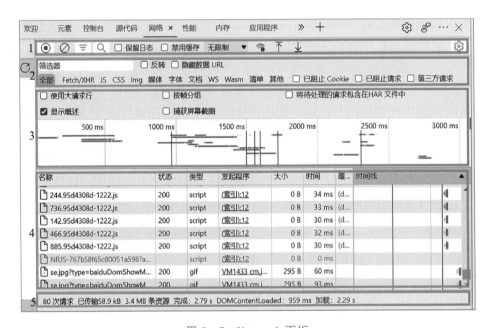

图 5-7 Network 面板

表 5-3 Network 窗口名称及功能

窗格名称	功能
Controls	控制 Network 的外观和功能
Filters	控制 Requests Table 具体显示哪些内容

续表

窗格名称	功能
Overview	显示获取到资源的时间轴信息
Requests Table	按资源获取的前后顺序显示所有获取到的资源信息，点击资源名可以查看该资源的详细信息
Summary	显示总的请求数、数据传输量、加载时间信息

（3）请求资源面板。

当按 F5 键刷新页面后，不同的网页下方的显示框中会出现很多包，我们可以用上方 Filters 筛选器对这些包进行归类。全部是所有的请求包，动态页面数据包主要使用 Fetch/XHR 类，例如选中 Fetch/XHR，点击过滤后的第一个包，显示界面如图5-8所示，右下侧会出现一排选项卡，其中标头 Headers 下包含当前包的请求消息头、响应消息头；预览 Preview 是对响应消息的预览，响应 Response 是服务器响应的代码，发起程序 Initiator，计时 Timing，Cookies，如图5-8所示。

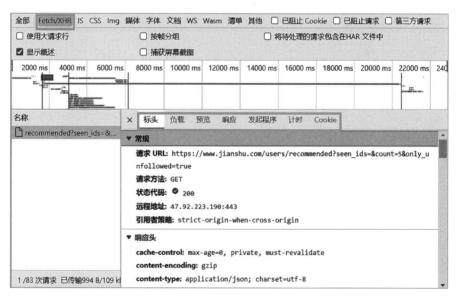

图 5-8　请求资源面板

（4）查看具体资源的详情。

在标头 Headers 标签中可以看到请求 URL、请求方法、状态代码等基本信息和详细的响应头 Response Headers、请求标头 Request Headers 等信息。其中，真正的数据请求地址是请求 URL，请求方法有 GET 和 POST 方法，响应头里 content-type 表示数据返回的类型，多数是 JSON 型，请求标头 user-agent 可用于伪装爬虫。

在 Preview 标签里面可根据选择的资源类型（JSON 等）显示相应的预览信息。在 Response 标签里面可根据选择的资源类型（JSON 等）显示相应资源的 Response 响应内容。

5.3.5　JSON 库的应用

在动态网页爬取数据，返回数据多为 JSON 型数据类型。JSON 的全称是 JavaScript Object Notation，是一种轻量级的数据交换格式。网络之间使用 HTTP 方式传递数据的时候，绝大多数情况下传递的都是 JSON 格式的字符串。

因此，当需要把 Python 里面的数据发送给网页或者其他编程语言的时候，可以先将 Python 的数据转化为 JSON 格式的字符串，然后将字符串传递给其他语言，其他语言再将 JSON 格式的字符串转换为它自己的数据格式。Python 3.7 自带 JSON 库，不需要额外安装库，JSON 库的常见用法为下面四种，见表 5-4。

表 5-4　JSON 库的常见用法

方法	作用
json.dumps()	将 Python 对象编码成 JSON 字符串
json.loads()	将 JSON 字符串解码成 Python 对象
json.dump()	将 Python 对象转化成 JSON 格式存储到文件中
json.load()	将文件中的 JSON 格式转化成 Python 对象提取出来

[例 5-2]　在 Python 中初始化一个字典和列表进行相互转化。

代码如下：

```python
import json
# Python 中初始化一个字典：
person_dict= {
    'basic_info': {'name': '张三',
                   'age': 30,
                   'sex': 'male'},
    'work_info': {'salary': 99999,
                  'position': '总经理',
                  'department': None}
}
print(person_dict)
# 字典转换为 JSON 格式的字符串方法
person_json=json.dumps(person_dict)
print(person_json)
# 列表转换为 JSON 格式的字符串
book_list=[
    {'name':'三国演义','price':99.99},
    {'name':'西游记','price':100},
    {'name':'红楼梦','price':80},
    {'name':'水浒传','price':45.99},
```

```
    ]
book_json=json.dumps(book_list,indent=4)
print(book_json)
# 把 JSON 格式的字符串转换为字典方法
person_dict= {
    'basic_info': {'name': '张三',
                   'age': 30,
                   'sex': 'male'},
    'work_info': {'salary': 99999,
                  'position': '总经理',
                  'department': None}
    }
# 把字典转换为 JSON 格式的字符串
person_json=json.dumps(person_dict)
# 把 JSON 格式的字符串转换为字典
person_json_dict=json.loads(person_json)
print(person_json_dict)
print(person_json_dict['basic_info']['name'])
```

运行结果如图 5-9～图 5-10 所示。

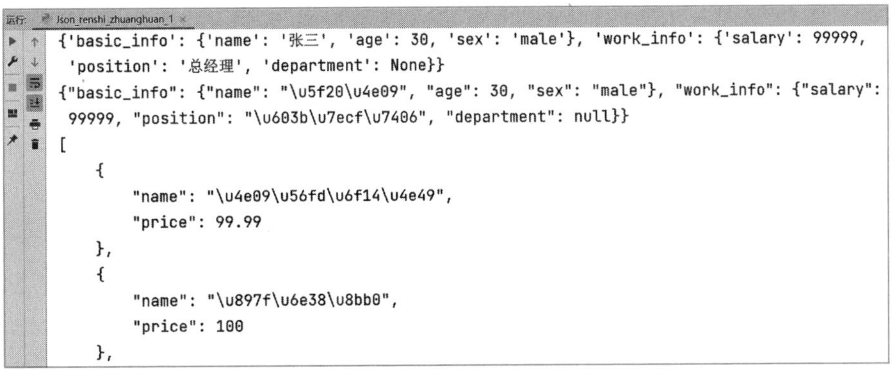

```
{'basic_info': {'name': '张三', 'age': 30, 'sex': 'male'}, 'work_info': {'salary': 99999,
 'position': '总经理', 'department': None}}
{"basic_info": {"name": "\u5f20\u4e09", "age": 30, "sex": "male"}, "work_info": {"salary":
 99999, "position": "\u603b\u7ecf\u7406", "department": null}}
[
    {
        "name": "\u4e09\u56fd\u6f14\u4e49",
        "price": 99.99
    },
    {
        "name": "\u897f\u6e38\u8bb0",
        "price": 100
    },
```

图 5-9　运行界面 1

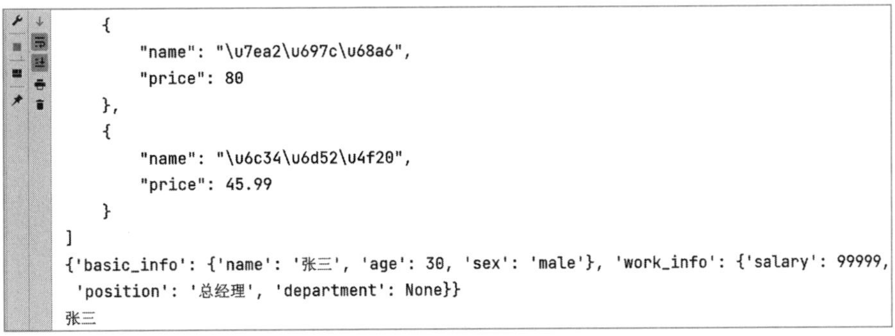

```
    {
        "name": "\u7ea2\u697c\u68a6",
        "price": 80
    },
    {
        "name": "\u6c34\u6d52\u4f20",
        "price": 45.99
    }
]
{'basic_info': {'name': '张三', 'age': 30, 'sex': 'male'}, 'work_info': {'salary': 99999,
 'position': '总经理', 'department': None}}
张三
```

图 5-10　运行界面 2

5.3.6 异步 GET 与 POST 请求

同步 GET 与 POST 是最常见的点击刷新模式,单击链接或提交表单,刷新整个页面。异步 GET 与 POST 是 AJAX 的常见应用,单击链接或提交表单的返回对象是一个不可见层,然后使用 JavaScript 根据返回的数据改变当前页面显示。

如输入 URL 为 A,却发现页面源代码中没有要采集的数据,按 F5 刷新出新的动态请求"Headers"里是使用 GET 方式请求网址 A1 有要采集的数据。这时就需要向 A1 发送 GET 请求。

GET 请求:requests.get(A1).content.decode()

如输入 URL 为 B,却发现页面源代码中没有要采集的数据,按 F5 刷新出新的动态请求"Headers"里是使用 POST 方式请求网址 B1 有要采集的数据。这时就需要向 B1 发送 POST 请求。

POST 请求:requests.post(B1,json={Requests Playload}).content.decode()

除此之外,还有伪装成异步加载的后端渲染,数据就在源代码里,却不直接显示出来,而是以 JSON 格式的字符串显示,如源代码最下面的 JavaScript 代码,其中有一段如下:

{"code": "\u884c\u52a8\u4ee3\u53f7\uff1a\u5929\u738b\u76d6\u5730\u864e"}

尝试使用 Python 去解析:

```
import json
html_json='{"code": "\u884c\u52a8\u4ee3\u53f7\uff1a\u5929\u738b\u76d6\u5730\u864e"}'
html_dect=json.loads(html_json)
print(html_dect)
print(html_dect['code'])
```

发现可以得到网页上面的内容,如下所示:

{'code': '行动代号:天王盖地虎'}
行动代号:天王盖地虎

[例 5-3] AJAX 提取网页结果.

(1)打开网址如下:

http://www.kfc.com.cn/kfccda/storelist/index.aspx,该页面如图 5-11 所示。

(2)输入关键字"重庆"查询结果如图 5-12 所示。

(3)在浏览器页面中,按 F12 键,在 Network 中查看参数,如图 5-13 所示。

项目 5
爬取动态网页

图 5-11 网页界面

图 5-12 查询界面

图 5-13 查看参数

（4）双击 Name 中的源代码，如图 5-14 所示，打开的页面地址为 http://www.kfc.com.cn/kfccda/ashx/GetStoreList.ashx?op=keyword，该页面中显示的数据为 -1000。

图 5-14　查看元素对应的网页内容

（5）编写代码爬取该页面中的数据，代码如下。

```python
import requests
if __name__ == '__main__':
    # 指定url
    url = 'http://www.kfc.com.cn/kfccda/ashx/GetStoreList.ashx?op=keyword'
    # 动态输入查找的城市
    city = input('请输入您想要查找的城市：')
    # 参数处理
    param = {
        'cname': '',
        'pid': '',
        'keyword': city,          # 城市名称
        'pageIndex': '1',         # 页面
        'pageSize': '10',         # 一页显示多少数据
    }
    # 进行UA伪装
    header = {
        'User-Agent': 'Mozilla/5.0 (Windows NT 10.0; WOW64) AppleWebKit/537.36 (KHTML, like Gecko) Chrome/84.0.4147.105 Safari/537.36'
    }
    # 获取相应数据
    response = requests.post(url=url,data=param,headers=header)
    # 这个页面是一个text，不是json
    page_text = response.text
    print(page_text)
    print('数据爬取成功！')
```

运行该例，显示结果如下。

请输入您想要查找的城市：重庆

```
{"Table":[{"rowcount":33}],"Table1":[{"rownum":1,"storeName":"崇智
","addressDetail":"重庆路1388号(沃尔玛购物广场二楼)","pro":"礼品卡","provinceName":"
吉林省","cityName":"长春市"},{"rownum":2,"storeName":"解放东路","addressDetail":"
重庆路1367号","pro":"Wi-Fi,礼品卡","provinceName":"吉林省","cityName":"吉林市
"},{"rownum":3,"storeName":"民权","addressDetail":"重庆民权路1号","pro":"24小时,Wi-
Fi,礼品卡","provinceName":"重庆市","cityName":"重庆市"},{"rownum":4,"storeName":"重
庆肯德基有限公司大礼堂餐厅","addressDetail":"渝中区大溪沟街道人民路133号","pro":"Wi-
Fi,点唱机,店内参观,礼品卡,手机点餐","provinceName":"重庆市","cityName":"重庆市
"},{"rownum":5,"storeName":"缙麓","addressDetail":"重庆北碚区天生新村63号缙麓商都A
栋1-2层","pro":"Wi-Fi,点唱机,礼品卡","provinceName":"重庆市","cityName":"重庆市
"},{"rownum":6,"storeName":"雄风","addressDetail":"重庆北碚区嘉陵风情街33号1-1号
一层","pro":"Wi-Fi,点唱机,店内参观,礼品卡","provinceName":"重庆市","cityName":"
重庆市"},{"rownum":7,"storeName":"鱼洞","addressDetail":"重庆鱼洞新市街80号商社
汇1-2层","pro":"24小时,点唱机,礼品卡","provinceName":"重庆市","cityName":"重庆
市"},{"rownum":8,"storeName":"重庆万象城餐厅","addressDetail":"重庆谢家湾正街55号
华润中心万象城A座LG层和L1层","pro":"Wi-Fi,店内参观,礼品卡","provinceName":"重
庆市","cityName":"重庆市"},{"rownum":9,"storeName":"红星","addressDetail":"
重庆两江新区金开大道1003号爱情海购物公园负一层肯德基","pro":"Wi-Fi,点唱机,店内参观
","provinceName":"重庆市","cityName":"重庆市"},{"rownum":10,"storeName":"北广
场外卖点","addressDetail":"重庆北站渝万场GA07-1号","pro":null,"provinceName":"
重庆市","cityName":"重庆市"}]}
```
数据爬取成功！

5.4 项目小结

本项目首先介绍了动态网页的应用情景和动态网页的特征，然后介绍了动态网页的工作原理和动态网页相关的 AJAX、API、IE 开发者工具、JSON 库等基本知识，最后介绍了异步 GET 与 POST 请求。

通过本项目的学习，读者能够对动态网页以及其相关特性有一个清晰的认识，需要读者重点掌握的是动态网页爬取的原理和相关技术以及如何使用 Python 爬取动态网页的数据。

5.5 实训

本实训主要帮助读者理解动态网页的逻辑结构以及使用 Python 深层次地掌握动态网页爬取数据和处理数据的流程。

（1）需求分析：爬取豆瓣话题广场中的话题精选动态内容，网页内容如图5-15所示。

图5-15 豆瓣话题精选动态内容

（2）查看网页源代码，发现源代码上没有要爬取的数据，如图5-16所示。

图5-16 豆瓣话题精选动态内容源代码

（3）右键菜单—检查，打开"网页开发者工具"，找到里面的网络面板。

找到里面的动态网页加载 XHR/Fetch（浏览器 API），按 F5 键刷新。找到动态网页请求 hot_items，发现里面的 JSON 数据可以爬取每个动态加载 ID，如图5-17所示。点击"展开"每个话题，找到动态网页请求 full，发现响应里有真正爬取动态加载话题的 JSON 数据，如图5-18所示。

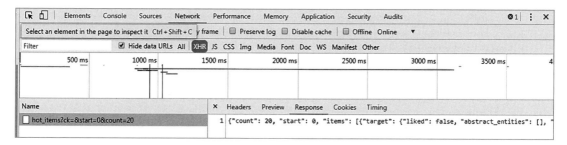

图 5-17　每个动态加载 ID

图 5-18　真正爬取动态加载话题

（4）Python 动态网页爬取程序设计。

代码如下：

```
import requests
import re
import json
# 设置爬取网址，伪装头
baseurl='https://m.douban.com/rexxar/api/v2/gallery/hot_items?ck=null&start=0&count=20'
headers={
'Host': 'm.douban.com',
'Origin': 'https://www.douban.com',
'Referer': 'https://www.douban.com/gallery/',
'sec-ch-ua': '" Not A;Brand";v="99", "Chromium";v="101", "Google Chrome";v="101"',
'sec-ch-ua-mobile':'?0',
'sec-ch-ua-platform': '"Windows"',
'Sec-Fetch-Dest': 'empty',
'Sec-Fetch-Mode': 'cors',
'Sec-Fetch-Site': 'same-site',
```

```python
    'User-Agent': 'Mozilla/5.0 (Windows NT 6.1; Win64; x64) AppleWebKit/537.36 (KHTML, like Gecko) Chrome/101.0.0.0 Safari/537.36'}
    # 爬取每个动态加载 ID
    r=requests.get(url=baseurl,headers=headers).content.decode()
    r_dect=json.loads(r)
    id_list=[]
    r_dect_string=str(r_dect)
    # 正则爬取九位数字
    id_list=re.findall("'id': '(\d{9})'",r_dect_string,re.S)
    print(id_list)
    # 真正爬取动态加载话题
    for id in id_list:
        real_url ='https://www.douban.com/j/note/'+id+'/full'
        headers={
            'Host':'www.douban.com',
            'Referer':'https://www.douban.com/gallery/',
            'sec-ch-ua':'" Not A;Brand";v="99", "Chromium";v="101", "Google Chrome";v="101"',
            'sec-ch-ua-mobile':'?0',
            'sec-ch-ua-platform':'"Windows"',
            'Sec-Fetch-Dest':'empty',
            'Sec-Fetch-Mode':'cors',
            'Sec-Fetch-Site':'same-origin',
            'User-Agent':'Mozilla/5.0 (Windows NT 6.1; Win64; x64) AppleWebKit/537.36 (KHTML, like Gecko) Chrome/101.0.0.0 Safari/537.36'}
        r1=requests.get(real_url,headers=headers).text
        r1_dect=json.loads(r1)
        r1_dect_string=str(r1_dect)
        # 清洗数据
        text=re.findall('data-page=\"0\">(.*?)<',r1_dect_string,re.S)
        # 列表内数据连接成文本
        quan_text="".join(text)
        print(quan_text)
        # 存储动态数据
        with open("dongtai7.txt",'a',encoding='utf-8') as f:
            f.write(quan_text)
            f.write('\n')
```

5.6 习题

一、简答题
1. 简述什么是动态网页。
2. 简述动态网页的三个特征。
3. 简述动态网页的工作原理。
4. 简述什么是 AJAX。
5. 简述爬取动态网页数据的步骤。
6. 简述异步 GET 与 POST 请求方式。

二、编程题

爬取简书网站中"天府之国"的动态网页中的所有文章并保存,如图 5-19 所示。

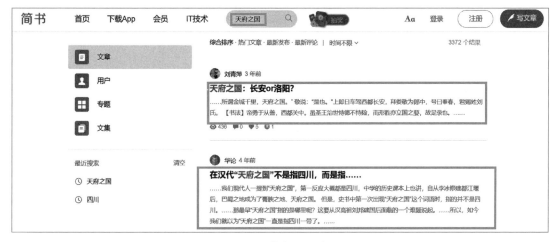

图 5-19 简书-天府之国

项目 6 爬虫与数据分析

教学目标

知识目标

- 了解文本分词的特点。
- 理解文本数据处理方式。
- 理解数据清洗的原理与应用。
- 理解数据分析的基本操作。
- 熟悉 Python 爬虫的排序算法。

能力目标

- 会进行基本的数据清洗。
- 会进行基本的数据分析。
- 会使用 Python 编写排序算法。

素养目标

- 引导学生感受爬虫技术带来的方便和快捷。
- 培养学生成为具有社会责任感和社会参与意识的高素质技术人才。

6.1 文本分析

随着计算机技术的普及，基于机器语言的文本处理方法开始应用到各个领域。从大量的文本中提取出有用的信息，并结合统计学、计量经济学等学科知识，将这些有用的信息进行进一步组织并挖掘其中的价值，逐渐成为各领域展开研究的一门利器。

6.1.1 文本分词

在做文本挖掘的时候，首先要做的预处理就是分词。文本分词是将字符串划分为有意义的单词的过程，如词语、句子或主题等。英文单词天然有空格隔开，容易按照空格分词，但有时候也需要把多个单词作为一个分词，比如"New York"等名词，需要作为一个词看待。而中文由于没有空格，分词就是一个需要专门去解决的问题了。

中文分词也称为"切分"，是将中文文本分割成若干个独立、有意义的基本单位的过程。中文分词对于搜索引擎来说，最重要的并不是找到所有结果，因为在上百亿的网页中找到所有结果没有太大的意义，没有人能看得完，最重要的是把最相关的结果排在最前面，这也称为相关度排序。中文分词的准确与否，直接影响搜索结果的相关度排序。

6.1.2 分词工具

在 Python 中常用的分词包有 jieba 分词、SnowNLP、THULAC、NLPIR、NLTK 等。

（1）jieba 分词。jieba 分词是国内使用人数最多的中文分词工具。该工具可以对中文文本进行分词、词性标注、关键词抽取等功能，并且支持自定义词典。

（2）SnowNLP。SnowNLP 是一个 Python 写的类库，可以方便地处理中文文本内容，该库是受到了 TextBlob 的启发而写的。SnowNLP 的最大特点是容易上手，用其处理中文文本时能够得到不少有意思的结果，但不少功能比较简单，还有待进一步完善。

（3）THULAC。THULAC 是由清华大学研制推出的一套中文词法分析工具包，具有中文分词和词性标注功能。

（4）NLPIR。NLPIR 分词系统是由北京理工大学研发的中文分词系统，经过十余年的不断完善，拥有丰富的功能和强大的性能。NLPIR 是一整套对原始文本集进行处理和加工的软件，提供了中间件处理效果的可视化展示，也可以作为小规模数据的处理加工工具。主要功能包括：中文分词、词性标注、命名实体识别、用户词典、新词发现与关键词提取等功能。

（5）NLTK。NLTK 是由宾夕法尼亚大学计算机和信息科学使用 Python 语言实现的一种自然语言工具包，其收集的大量公开数据集、模型上提供了全面、易用的接口，涵盖了分词、词性标注（Part-Of-Speech tag, POS-tag）、命名实体识别（Named Entity Recognition, NER）、句法分析（Syntactic Parse）等各项 NLP 领域的功能。

6.1.3 文本数据处理方法

如今，从社交媒体分析到风险管理到网络犯罪保护，处理文本数据已经变得前所未有的重要。

处理文本数据常用如下方法。

（1）去除数字。

数字在文本分析中一般没有意义，所以在进一步分析前需要去除它们。

（2）去除链接地址。

链接地址也需要在进一步分析前被去掉，可以使用正则表达式达到这个目的。

（3）去除停用词。

停用词是在每个句子中都很常见，但对分析没有意义的词。比如英语中的"is""but""shall""by"，汉语中的"的""是"等。语料中的这些词可以通过匹配文本处理程序包中的停用词列表来去除。

（4）词干化。

词干化，指的是将单词的派生形式缩减为其词干的过程，已经有许多词干化的方法。词干化主要使用在英文中，如"programming""programmer""programmed""programmable"等词可以词干化为"program"，目的是将含义相同、形式不同的词归并，方便词频统计。

（5）后缀丢弃。

后缀丢弃算法可以丢弃一个单词的后缀部分。如上文提到的"programming""programmer""programmed""programmable"等词可以词干化为词根"program"，但像"rescuing""rescue""rescued"这样的词则被词干化为"rescu"，其并非一个单词或词根，而是将后缀丢弃后得到的形式。

（6）词形还原。

词形还原算法（Lemmatisation algorithms）是将语料中的每个词还原为其原形，或者能表达完整语义的一般形式，如"better"还原为"good"，"running"还原为"walk"等。该算法的实现基于对文本的理解、词性标注和对应语言的词库等。

（7）N-gram 分析。

N-gram 分析指的是将字符串按一定最小单元分割为长度为 N 的连续子串，并保留最有意义的子串，以方便后续分析。如当 N=1 时（称为 unigram），以单个字母为最小单元，例如单词"flood"可以被分割为"f""l""o""o""d"。

（8）去除标点符号。

标点符号对文本分析没有帮助，因此需要去除。

（9）去除空白字符。

使用正则表达式去掉词前后的空白字符，只保留词本身。

（10）去除特殊字符。

在进行了去除空白字符、数字和标点符号等操作后，一些形式特殊的链接地址等额外内容可能仍然未被去除，需要对处理后的语料再进行一次检查，并用正则表达式去除它们。

6.1.4 jieba 分词

（1）jieba 的安装。

为了能够在 Python 3 中显示中文字符，还需要下载安装 jieba 库，jieba 库也是一个 Python 第三方库，用于中文分词。

安装 jieba 库的命令如下：

```
pip install jieba
```

在下载并安装 jieba 库后，在 Windows 7 命令提示符中输入以下命令：

```
import jieba
```

如果运行没报错，则表示已经成功安装 jieba 库。

（2）jieba 的算法。

1）jieba 涉及的算法包括：

- 基于 Trie 树结构实现高效的词图扫描，生成句子中汉字所有可能成词情况所构成的有向无环图（DAG）；
- 采用动态规划查找最大概率路径，找出基于词频的最大切分组合；
- 对于未登录词，采用基于汉字成词能力的 HMM 模型，使用 Viterbi 算法。

2）jieba 支持的分词模式包括以下三种。

- 精确模式：试图将句子最精确地切开，适合文本分析，并且不存在冗余；
- 全模式：把句子中所有可以成词的词语都扫描出来，速度非常快，但是不能解决歧义问题，存在冗余；
- 搜索引擎模式：在精确模式的基础上，对长词再次切分，提高召回率，适用于搜索引擎分词，有冗余。

表 6-1 列出了 jieba 中的常用函数。

表 6-1　jieba 中的常用函数

函数名	描述
jieba.lcut()	返回一个列表类型的分词结果，没有冗余
jieba.lcut(s,cut_all=True)	返回一个列表类型的分词结果，有冗余
jieba.lcut_for_seach(s)	返回一个列表类型的分词结果，有冗余
jieba.add_word(w)	向分词词典增加新词 w

［例 6-1］ 使用 jieba 运行精确模式、全模式和搜索引擎模式。

代码如下：

```
import jieba
```

```
seg_str = "好好学习,天天向上。"
print("/".join(jieba.lcut(seg_str)))
print("/".join(jieba.lcut(seg_str, cut_all=True)))
print("/".join(jieba.lcut_for_search(seg_str)))
```

语句含义:

print("/".join(jieba.lcut(seg_str))):精确模式,返回一个列表类型的结果

print("/".join(jieba.lcut(seg_str,cut_all=True))):全模式,使用'cut_all=True'指定

print("/".join(jieba.lcut_for_search(seg_str))):搜索引擎模式

运行该例如图 6-1 所示。

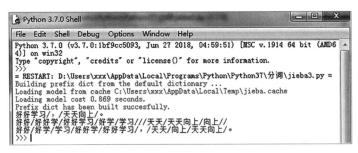

图 6-1 使用 jieba 运行精确模式、全模式和搜索引擎模式

[例 6-2] 使用 jieba 中的词性标注和关键词提取。

代码如下:

```
import jieba
import jieba.posseg as pseg
import jieba.analyse as anls
seg_list = jieba.lcut_for_search("他毕业于重庆大学机电系,后来一直在重庆机电科学研究所工作")
print("【返回列表】:{0}".format(seg_list))
```

语句含义:

```
import jieba.posseg as pseg :词性标注
import jieba.analyse as anls :关键词提取
```

运行该例如图 6-2 所示。

图 6-2 使用 jieba 中的词性标注和关键词提取

[例 6-3] 使用 jieba 中的 HMM 模型。

代码如下:

```
import jieba
import jieba.posseg as pseg
import jieba.analyse as anls
seg_list = jieba.cut("他来到了北京天安门")
print("【识别新词】: " + "/ ".join(seg_list))
```

语句含义如下:

import jieba.posseg as pseg : 词性标注

import jieba.analyse as anls : 关键词提取

seg_list = jieba.cut("他来到了北京天安门") : 默认精确模式和启用 HMM, jieba.cut 返回的结构是一个可迭代的 generator, 可使用 for 循环来获得分词后得到的每一个词语。

运行该例如图 6-3 所示。

```
=================== RESTART: C:/Users/xxx/Desktop/5-3.py ===================
Building prefix dict from the default dictionary ...
Dumping model to file cache C:\Users\xxx\AppData\Local\Temp\jieba.cache
Loading model cost 0.905 seconds.
Prefix dict has been built succesfully.
【识别新词】: 他/ 来到/ 了/ 北京/ 天安门
>>>
```

图 6-3 使用 jieba 中的 HMM 模型

6.2 数据清洗

6.2.1 数据清洗简介

数据不断剧增是大数据时代的显著特征,大数据必须经过清洗、分析、建模、可视化才能体现其潜在的价值。然而在众多数据中总是存在着许多"脏"数据,即不完整、不规范、不准确的数据,数据清洗就是指把"脏数据"彻底洗掉,包括检查数据一致性,处理无效值和缺失值等,提高数据质量。例如,在大数据项目的实际开发工作中,数据清洗通常占开发过程总时间的 50% ~ 70%。

数据清洗的原理为:利用相应技术方法,如统计方法、数据挖掘方法、模式规则方法等将"脏"数据转换为满足数据质量要求的数据。数据清洗按照实现方式与范围,可分为手工清洗和自动清洗。

(1) 手工清洗。

手工清洗是通过人工对录入的数据进行检查。这种方法较为简单,只要投入足够的人力、物力与财力,就能发现所有错误,但效率低下。

例如,可以使用手工对遗漏值进行填补,不过这种方法比较耗时,而且对于存在许多遗漏情况的大规模数据集而言,可行性较差。因此,在数据量较大的情况下,手工清洗数据的操作几乎是不可能的。

（2）自动清洗。

自动清洗是由机器进行相应的数据清洗。自动清洗能解决某个特定的问题，但不够灵活，特别是在清洗过程需要反复进行（一般情况下，数据清洗一遍就达到要求的很少）时，导致程序复杂，清洗过程变化时，工作量大，而且这种方法也没有充分利用目前数据库提供的强大数据处理能力。

此外，随着数据挖掘技术的不断提升，在自动清洗时常常使用清洗算法与清洗规则来帮助完成。清洗算法与清洗规则是根据相关的业务知识，应用相应的技术方法，如统计学、数据挖掘的方法，分析出数据源中数据的特点，并且进行相应的数据清洗。

常见的清洗方式主要有两种：一种是发掘数据中存在的模式，然后利用这些模式清理数据；另一种是基于数据的，根据预定义的清理规则，查找不匹配的记录。

值得注意的是，数据清洗规则已经在工业界被广泛应用，常见的数据清洗规则包括：非空检核、主键重复校核、异常值校核、非法代码清洗、非法值清洗、数据格式检核、记录数检核等。

6.2.2 数据清洗的过程

数据清洗的过程主要包括 4 个，分别是移除不必要的数据、解决结构性错误问题、筛选不必要的异常值以及处理缺失数据。

（1）移除不必要的数据。

数据清洗的第一步是从数据库中将不需要的数据移除，包括重复的数据和不相关的数据。重复的数据最常见，比如，当我们从不同的渠道或部门收集数据、合并数据、抓取数据时不可避免地会出现重复数据。不相关的数据是指那些对特定问题没有任何价值的数据。比如，当我们在建一个"单身人群"模型的时候，不会将"婴儿奶粉"相关数据放在这个数据集中。此外，我们还可以从分类特征上看，是不是还有其他特征数据不应该包含在这张表格里面。在工程特征开始前，检查不相关的数据，将会帮助我们节省时间和省去分析不必要的问题。

（2）解决结构性错误问题。

数据清洗涉及解决结构性错误问题。结构性错误问题通常发生在度量、数据迁移等时候。比如，输入出现大小写不一致的错误，以及中英文输入问题。这是特征分类里一个非常恼人的错误。在开始测试前，我们需要检查这一错误。比如品牌 Adidas，会有 adidas、adida、阿迪达斯等多个不同的输入，但都表示同一个含义。遇到这种情况，我们需要把它们合并归为一个类别，而不是标记为不同的类别。

（3）筛选不必要的异常值。

异常值也叫作"离群值"，通常是指采集数据时可能因为技术或物理原因，数据取值超过数据值域范围。值得注意的是，异常值是数据分布的常态，处于特定分布区域或范围之外的数据通常被定义为异常或噪声。

异常值常分为两种：伪异常和真异常。伪异常是由于特定的业务运营动作产生，是正常反应业务的状态，而不是数据本身的异常；真异常不是由于特定的业务运营动作产生，而是数据本身分布异常，即离群值。

异常值会导致某些模型问题。比如，线性回归模型会显得异常值偏离，影响决策树模型的建立。通常，如果我们能找到合理地移除异常值的理由，那么将会大大改善模型的表现。但这不意味着异常值就一定要排除，例如，我们不能因为一个值"特别大"就将其归为异常值，不予以考虑。大数值也有可能对我们的模型提供重要的信息。

（4）处理缺失数据。

在数据集中，若某记录的属性值被标记为空白或"-"等，则认为该记录存在缺失值（空值），它也常指不完整的数据。

缺失数据在机器学习应用中是比较棘手的问题。首先，我们不能简单地忽略数据集中缺失的数据值，而是必须以合理的理由处理这类数据，因为大多数算法是不接受缺失数据值的。对于缺失数据的清洗方法较多，如将存在遗漏信息属性值的对象（元组、记录）删除；或者将数据过滤出来，按缺失的内容分别写入不同数据库文件并要求客户或厂商重新提交新数据，要求在规定的时间内补全，补全后再继续写入数据库中；有时候也可以用一定的值去填充空值，从而使信息表完备化。填充空值通常基于统计学原理，根据初始数据集中其余对象取值的分布情况来对一个缺失值进行填充。

6.2.3 numpy 数据清洗

numpy 库是 Python 做数据处理的底层库，是高性能科学计算和数据分析的基础，比如，著名的 Python 机器学习库 SKlearn 就需要 numpy 的支持。掌握 numpy 的基础数据处理能力是利用 Python 做数据运算及机器学习的基础。

numpy 支持多维数组与矩阵运算，也针对数组运算提供大量的数学函数库。通常与 SciPy 和 Matplotlib 一起使用，支持比 Python 更多种类的数值类型，其中定义的最重要的对象是称为 ndarray 的 n 维数组类型，用于描述相同类型的元素集合，可以使用基于 0 的索引访问集合中的元素。

（1）安装 numpy 库。

在 Windows 7 下安装 Python 扩展库，常用 pip 命令来实现，如输入命令"pip install numpy"安装 numpy 库。安装完成后，可在 Windows 命令行中输入"Python"，并在进入 Python 界面后输入以下命令：

```
import numpy
```

（2）numpy 库的使用。

1）数组的创建与查看。

在 numpy 库中创建数组可以使用如下语法：

```
numpy.array
```

该语句表示通过引入 numpy 库创建了一个 ndarray 对象。

在创建数组时，可以加入如下参数：

```
numpy.array(object, dtype = None, copy = True, order = None, subok =
False, ndmin = 0)
```

［例 6－4］ 创建数组对象。

代码如下：

```
import numpy as np
  a = np.array([1,2,3])
  print (a)
```

该例首先引入 numpy 库，接着定义了一个一维数组 a，最后将数组输出显示。运行该程序结果如图 6－4 所示。

```
>>> import numpy
>>> import numpy as np
>>> a=np.array([1,2,3])
>>> print(a)
[1 2 3]
>>>
```

图 6－4 数组的定义

［例 6－5］ 创建数组对象并查看属性。

代码如下：

```
 import numpy as np
    a = np.array([1,2,3])
print (a)
a.shape
 a.dtype
```

该例首先引入 numpy 库，接着定义了一个一维数组 a，并将数组输出显示。最后查看该数组在每个维度上的大小以及数组元素的数据类型，运行该程序结果如图 6－5 所示。

```
>>> import numpy as np
>>> a=np.array([1,2,3])
>>> print(a)
[1 2 3]
>>> a.shape
(3,)
>>> a.dtype
dtype('int32')
>>>
```

图 6－5 数组的定义与查看

[例6-6] 根据给定维度随机生成 [0,1) 之间的数据（包含 0，不包含 1）。

代码如下：

```python
import numpy as np
a = np.random.rand(3,2)
print(a)
```

该例随机生成的数值均在 [0,1) 之间，rand(3,2) 表示 3 行 2 列，运行该程序如图 6-6 所示。

图 6-6　numpy 中的随机函数

[例6-7] 创建指定形状的多维数组，数值范围在 [0,1) 之间。

代码如下：

```python
import numpy as np
a = np.random.rand(3,3,4)
print(a)
```

该例随机生成了多维数值，均在 [0,1) 之间，rand(3,3,4) 表示 3 维数组，每维数组都是 3 行 4 列，运行该程序如图 6-7 所示。

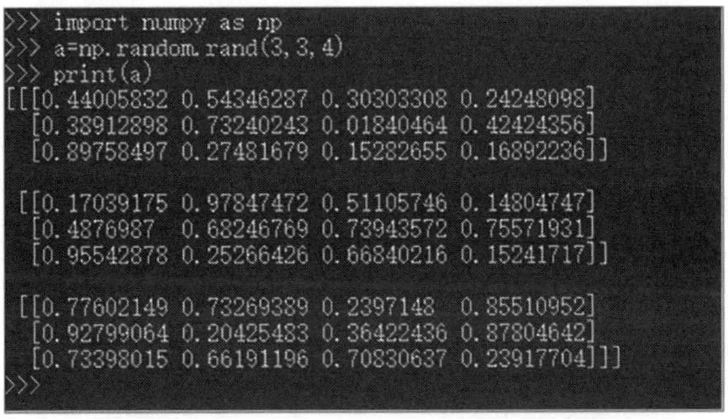

图 6-7　numpy 随机生成多维数值

[例6-8] 创建一个数组，数组元素符合标准正态分布。

代码如下：

```python
import numpy as np
a = np.random.randn(3,4)
print(a)
```

该例创建了三组正态分布的函数，运行该程序如图6-8所示。

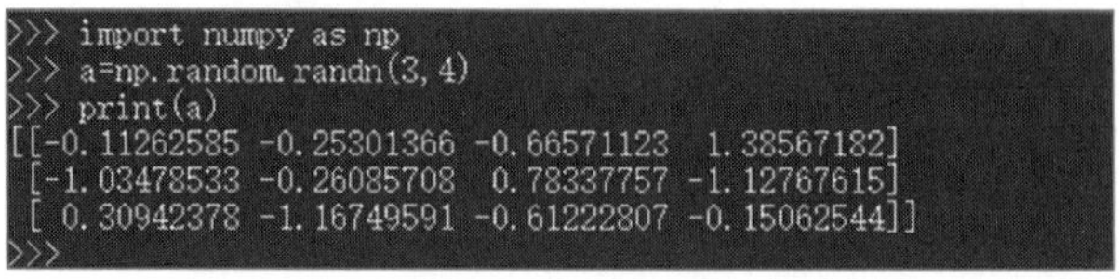

图6-8　numpy中的正态分布函数

2）numpy数据清洗实例。

［例6-9］　使用split()将数组分割。

代码如下：

```
import numpy as np
  x = np.arange(9)
np.split(x,3)
```

运行如图6-9所示。

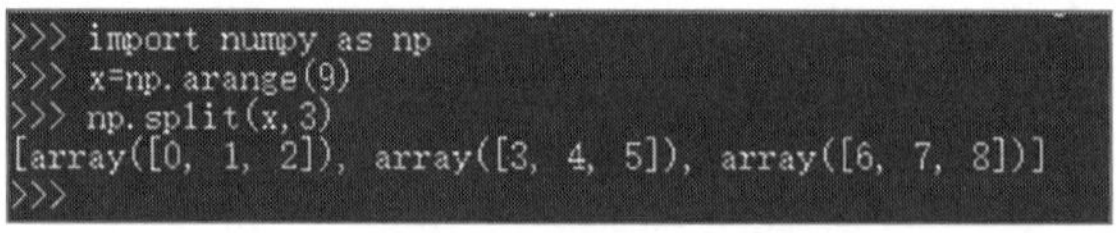

图6-9　使用split()将数组分割

［例6-10］　使用tolist()将数组转换为列表。

代码如下：

```
import numpy as np
  x = np.arange(9).reshape(3,3)
x1=x.tolist()
  print(x1)
```

运行如图6-10所示。

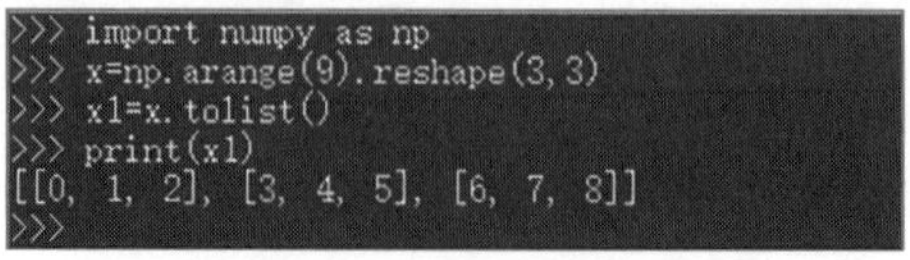

图6-10　使用tolist()将数组转换为列表

［例6-11］　使用append()在数组的末尾添加元素。

代码如下：

```
import numpy as np
  x = np.array([[1,2,3],[4,5,6]])
  print(np.append(x,[[7,8,9],[10,11,12]],axis=0))
```

运行如图 6-11 所示。

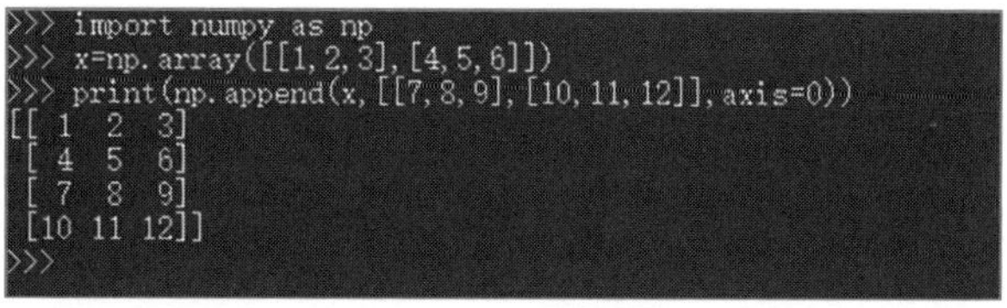

```
>>> import numpy as np
>>> x=np.array([[1,2,3],[4,5,6]])
>>> print(np.append(x,[[7,8,9],[10,11,12]],axis=0))
[[ 1  2  3]
 [ 4  5  6]
 [ 7  8  9]
 [10 11 12]]
>>>
```

图 6-11 使用 append() 在数组的末尾添加元素

［例 6-12］ 使用 sort() 给数组排序。

代码如下：

```
import numpy as np
  a=[1,4,56,78,34,61]
print(np.sort(a))
```

运行如图 6-12 所示。

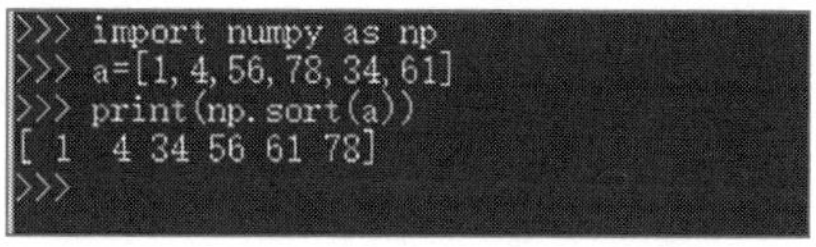

```
>>> import numpy as np
>>> a=[1,4,56,78,34,61]
>>> print(np.sort(a))
[ 1  4 34 56 61 78]
>>>
```

图 6-12 使用 sort() 给数组排序

6.2.4 pandas 数据清洗

pandas 是 Python 中的一个集数据处理、分析、可视化于一身的扩展库，使用 pandas 可以轻松实现数据分析与数据可视化。

（1）安装 pandas 库。

在 Windows 7 下安装 Python 扩展库，常用 pip 命令来实现，如输入命令"pip install numpy"来安装 pandas 库。安装完成后，可在 Windows 命令行中输入"Python"，并在进入 Python 界面后输入以下命令：

```
import pandas
```

（2）pandas 库的使用。

在 pandas 库有两个最基本的数据类型，分别是 Series 和 DataFrame。其中 Series 数据类型表示一维数组，与 numpy 中的一维 array 类似，并且二者与 Python 基本的数据结构 List 也很相近。而 DataFrame 数据类型则代表二维的表格型数据结构，也可以将 DataFrame 理解为 Series 的容器。

Series 是能够保存任何类型的数据（整数、字符串、浮点数、Python 对象等）的一维标记数组，并且每个数据都有自己的索引。在 pandas 库中仅由一组数据即可创建最简单的 Series。

DataFrame 是一个表格型的数据类型。它含有一组有序的列，每列可以是不同的类型(数值、字符串等)。DataFrame 类型既有行索引又有列索引,因此它可以被看作是由 Series 组成的字典。

[例 6-13] 创建 Series。

代码如下:

```
import numpy as np
x=pd.Series([-1,3,5,8])
x
```

运行如图 6-13 所示。

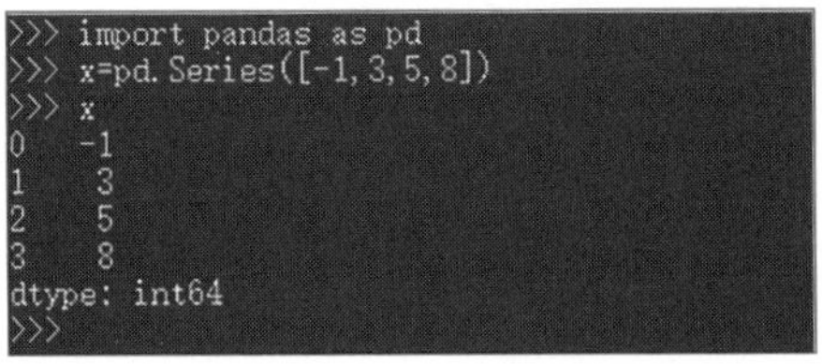

图 6-13 创建 Series

该例创建了最简单的 Series,从图 6-13 可以看出,Series 数组的表现方式为:索引在左边,从 0 开始标记;值在右边,由用户自己定义。

值得注意的是,在创建 Series 时,可以由用户通过 Series 中的 index 属性为数据值定义标记的索引。

[例 6-14] 创建 Series 并自定义索引。

代码如下:

```
import numpy as np
  x=pd.Series([-1,3,5,8],index=['a','b','c','d'])
x
```

运行如图 6-14 所示。

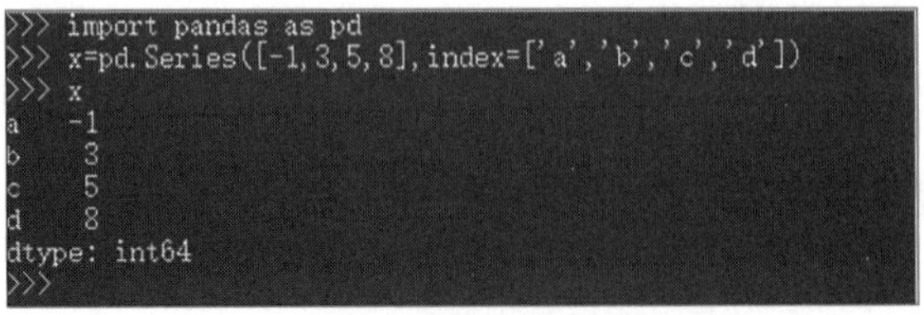

图 6-14 创建 Series 并自定义索引

从图 6-14 可以看出,该例中的索引依次为 a、b、c、d。

[例 6-15] 使用常数创建一个 Series。

代码如下:

```
import pandas as pd
```

```
x=pd.Series(10,index=[0,1,2,3])
x
```

运行如图 6-15 所示。

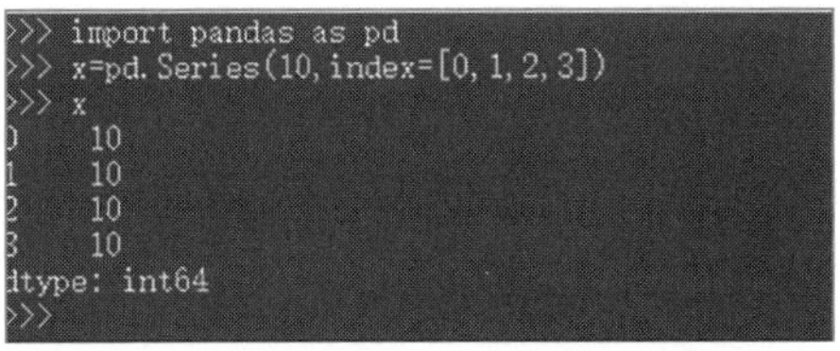

图 6-15　使用常数创建 Series

[例 6-16]　创建 DataFrame 对象。

代码如下：

```
import pandas as pd
Data={'id':['001','002','003','004'],'name':['morre','owen','mount','jack']}
frame=pd.DataFrame(data)
frame
```

运行如图 6-16 所示。

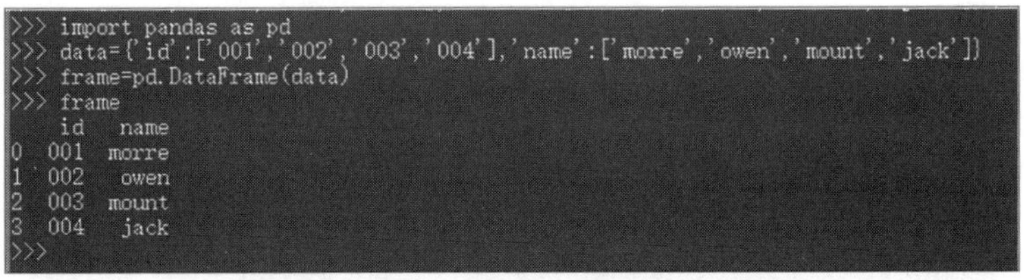

图 6-16　创建 DataFrame 对象

[例 6-17]　用数组来创建 DataFrame 对象。

代码如下：

```
import pandas as pd
import numpy as np
data=pd.DataFrame(np.arange(6).reshape(2,3))
data
```

运行如图 6-17 所示。

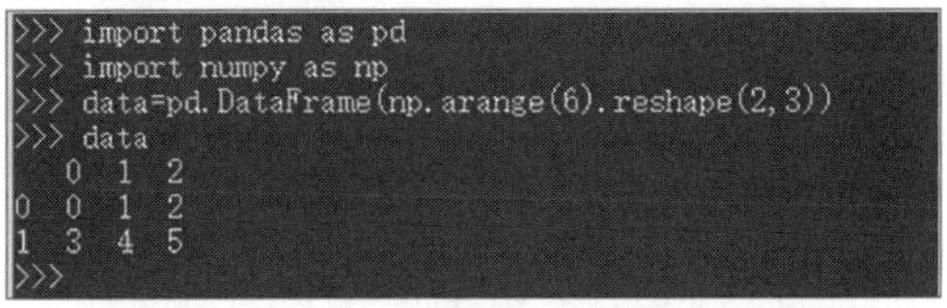

图 6-17　使用数组创建 DataFrame 对象

该例使用 numpy 来创建数组，并生成 DataFrame 对象。

［例 6－18］ 创建 DataFrame 对象并进行逻辑判断和查找。

代码如下：

```
import pandas as pd
Data={ ‘id’ :[ ‘001’ , ‘002’ , ‘003’, ‘004’ ], ‘name’ :[ ‘morre’ , ‘owen’ , ‘mount’ , ‘jack’ ], ‘score’ :[ ‘80’ , ‘85’ , ‘82’ , ‘95’ ]}
frame=pd.DataFrame(data)
frame
```

首先在该例中加入了列 score，运行如图 6－18 所示。

```
>>> import pandas as pd
>>> data={'id':['001','002','003','004'],'name':['morre','owen','mount','jack'],'score':['80','85','82','95']}
>>> frame=pd.DataFrame(data)
>>> frame
    id   name score
0  001  morre    80
1  002   owen    85
2  003  mount    82
3  004   jack    95
```

图 6－18　加入了列 score

［例 6－19］ 创建 DataFrame 对象，并进行数据运算。

创建 data1 和 data2，代码运行如图 6－19 所示。

```
>>> import numpy as np
>>> import pandas as pd
>>> data1=pd.DataFrame(np.arange(6).reshape(2,3),columns=['a','b','c'])
>>> data2=pd.DataFrame(np.arange(8).reshape(2,4),columns=['a','b','c','d'])
>>> data1
   a  b  c
0  0  1  2
1  3  4  5
>>> data2
   a  b  c  d
0  0  1  2  3
1  4  5  6  7
```

图 6－19　创建 data1 和 data2

对 data1 和 data2 执行加、减、乘、除的运算，代码运行如图 6－20 所示。

```
>>> df=data1+data2
>>> print(df)
   a  b   c   d
0  0  2   4 NaN
1  7  9  11 NaN
>>> df=data1-data2
>>> print(df)
   a  b  c   d
0  0  0  0 NaN
1 -1 -1 -1 NaN
>>> df=data1*data2
>>> print(df)
    a   b   c   d
0   0   1   4 NaN
1  12  20  30 NaN
>>> df=data1/data2
>>> print(df)
      a    b         c   d
0   NaN  1.0  1.000000 NaN
1  0.75  0.8  0.833333 NaN
>>>
```

图 6－20　对 data1 和 data2 执行运算

[例 6-20] 在 DataFrame 中使用 isnull 检测缺失值。

首先创建 DataFrame 并显示该数据集，代码如下：

```
import numpy as np
import pandas as pd
data=pd.DataFrame([[3,57,81],[None,None,31]])
data
```

运行如图 6-21 所示。

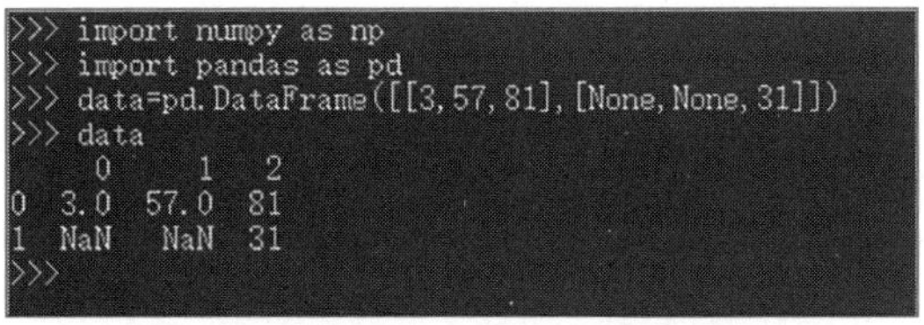

图 6-21 创建 DataFrame 并显示数据集

使用语句 isnull() 来检测缺失值，其中 True 表示缺失数据，运行如图 6-22 所示。

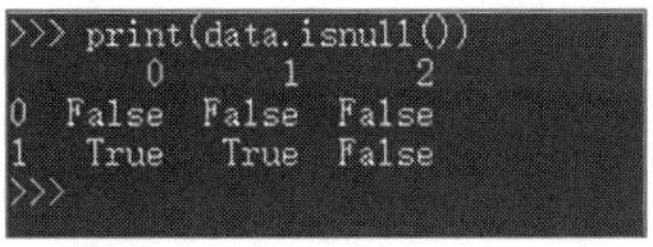

图 6-22 使用语句 isnull() 来检测缺失值

[例 6-21] 使用 fillna() 填充缺失值。

代码如下：

```
import numpy as np
import pandas as pd
data=pd.DataFrame([[3,57,81],[None,None,31]])
data.fillna(1)
```

使用 1 来填充缺失值，运行如图 6-23 所示。

使用前面出现的值来填充后面同列中出现的缺失值，语句 data.fillna(method='ffill')，运行如图 6-24 所示。

图 6-23 使用 1 来填充缺失值 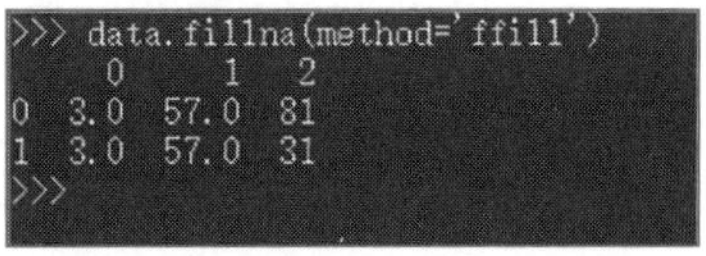　　图 6-24 使用前面出现的值来填充缺失值

此外，还可以使用后面出现的值来填充前面同列中出现的缺失值，语句 fillna(method='backfill')，运行如图 6-25 所示。

```
>>> import numpy as np
>>> import pandas as pd
>>> data=pd.DataFrame([[3,57,81],[None,None,31],[21,67,90]])
>>> data
     0     1   2
0  3.0  57.0  81
1  NaN   NaN  31
2 21.0  67.0  90
>>> data.fillna(method='backfill')
     0     1   2
0  3.0  57.0  81
1 21.0  67.0  31
2 21.0  67.0  90
>>>
```

图 6-25 使用后面出现的值来填充缺失值

6.2.5 pandas 数据分析

使用 pandas 可以轻松实现数据分析与数据可视化。

（1）使用 pandas 处理 csv 文件。

使用 pandas 处理 csv 文件的方法主要为 read_csv() 和 to_csv() 这两个，其中 read_csv() 表示读取 csv 文件的内容并返回 DataFrame，to_csv() 则是 read_csv() 的逆过程。

[例 6-22] Pandas 读取 csv 文件。

在 pandas 中读取 csv 文件语法如下：

pd.read_csv("filename")

其中，filename 表示要读取的 csv 文件的名称。

准备 farequote.csv 文件，其中部分内容如图 6-26 所示。

	A	B	C	D	E	F
1	time	airline	responsetime	sourcetype		
2	2014-06-23 00:00:00Z	AAL	132.2046	farequote		
3	2014-06-23 00:00:00Z	JZA	990.4628	farequote		
4	2014-06-23 00:00:00Z	JBU	877.5927	farequote		
5	2014-06-23 00:00:00Z	KLM	1355.4812	farequote		
6	2014-06-23 00:00:00Z	NKS	9991.3981	farequote		
7	2014-06-23 00:00:00Z	TRS	412.1948	farequote		
8	2014-06-23 00:00:00Z	DAL	401.4948	farequote		
9	2014-06-23 00:00:00Z	FFT	181.5529	farequote		
10	2014-06-23 00:00:00Z	SWA	160.214	farequote		
11	2014-06-23 00:00:00Z	SWR	2308.0191	farequote		
12	2014-06-23 00:00:00Z	UAL	9.225	farequote		
13	2014-06-23 00:00:00Z	AMX	20.8454	farequote		
14	2014-06-23 00:00:00Z	VRD	325.255	farequote		
15	2014-06-23 00:00:00Z	ACA	20.2368	farequote		
16	2014-06-23 00:00:00Z	AWE	20.0409	farequote		
17	2014-06-23 00:00:00Z	ASA	66.1587	farequote		
18	2014-06-23 00:00:00Z	BAW	182.1066	farequote		
19	2014-06-23 00:00:00Z	BAW	204.9968	farequote		
20	2014-06-23 00:00:00Z	EGF	197.4412	farequote		
21	2014-06-23 00:00:00Z	JAL	503.7342	farequote		
22	2014-06-23 00:00:07Z	AWE	20.4649	farequote		
23	2014-06-23 00:00:20Z	JAL	525.3308	farequote		
24	2014-06-23 00:00:59Z	AAL	136.2361	farequote		

图 6-26 文件部分内容

使用 pandas 读取该文件，代码如下：

```
import numpy as np
```

```
import pandas as pd
df=pd.read_csv("farequote.csv")
print(df.head())
print(df.responsetime.describe())
```

运行如图 6-27 所示。

图 6-27　读取外部文件

该例首先读取了 farequote.csv，代码如下：

```
df=pd.read_csv("farequote.csv")
```

显示数据集的前 5 行内容，代码如下：

```
print(df.head())
```

显示数据集中 responsetime 的统计结果，代码如下：

```
print(df.responsetime.describe())
```

此外，在读取数据集的时候，还可以查看数据集的特征信息，代码如下：

```
print(df.info())
```

运行如图 6-28 所示。

图 6-28　显示数据集特征信息

（2）使用 pandas 处理 json 文件。

[例 6-23]　使用 pandas 读取 json 文件。

在 Python 中如要读取 json 文件，需要添加 json 模块，代码如下：

```
json.load(file,encoding="utf-8")
```

在这里 flie 表示要读取的文件名称。

该例首先将 json 数据写入到文件中,再用 Python 来读取,代码如下:

```
import json
data=[{'id':'001','name':'owen','score':'85'}]
file=open('e:/json/json1.txt','w')
json.dump(data,file)
file.close()
file=open('e:/json/json1.txt')
data=json.load(file,encoding="utf-8")
print(data)
```

在这里使用 json.dump 来存储文件,json.load 来读取文件,运行如图 6-29 所示。

```
[{'id': '001', 'name': 'owen', 'score': '85'}]
>>>
```

图 6-29 读取 json 文件

(3) pandas 绘图分析。

Matplotlib 是一个 Python 的 2D 绘图库,它以各种硬拷贝格式和跨平台的交互式环境生成出版质量级别的图形,在使用 Matplotlib 之前,首先要将 Matplotlib 安装在系统中。使用 Matplotlib 库可以绘制各种图形,其中最基本的是线性图形,主要由线条组成。

[例 6-24] Matplotlib 绘制柱状图。

代码如下:

```
import matplotlib.pyplot as plt
from matplotlib.font_manager import FontProperties
font_set = FontProperties(fname=r"c:\windows\fonts\simsun.ttc", size=15)
# 导入宋体字体文件
    x = [0,1,2,3,4,5]
    y = [1,2,3,2,4,3]
plt.bar(x,y)# 竖的条形图
plt.title(" 柱状图 ",FontProperties=font_set); # 图标题
plt.xlabel("x 轴 ",FontProperties=font_set);
plt.ylabel("y 轴 ",FontProperties=font_set);
plt.show()
```

该例绘制了 6 个柱状形状,用函数 plt.bar() 来实现,其中参数为 x,y,该程序运行如图 6-30 所示。

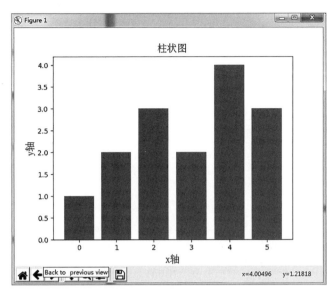

图 6-30 柱状图

虽然 Matplotlib 库可以绘制精美的图形，但是它需要安装大量的组件，书写大量的代码，并且绘图过程也比较复杂。而在 pandas 中则可以高效地完成绘图的工作。

[例 6-25] 在 pandas 中使用 Series 绘制线性图。

代码如下：

```
from pandas import DataFrame,Series
    import pandas as pd
    import numpy as np
    import matplotlib.pyplot as plt
    s = pd.Series(np.random.randn(10).cumsum(), index=np.arange(0, 100, 10))
    s.plot()
    plt.show()
```

该例首先在 Python 中导入了 pandas 库、numpy 库和 Matplotlib 库，并引入了来自 pandas 库的 DataFrame 以及 Series 数组，接着将 Series 对象的索引传给 Matplotlib 来绘制图形。语句"np.random"表示随机抽样，"np.random.randn(10)"用于返回一组随机数据，该数据具有标准正态分布。"cumsum()"用于返回累加值。语句"np.arange(0, 100, 10)"用于返回一个有终点和起点的固定步长的排列以显示刻度值，其中 0 为起点，100 为终点，10 为步长，运行该例如图 6-31 所示。

[例 6-26] pandas 绘制散点图检测异常值。

首先构造数据集，代码如下：

```
s = pd.DataFrame(np.random.randn(1000)+10,columns = ['value'])
```

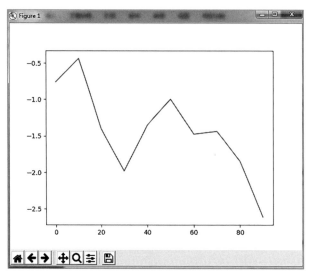

图 6-31 pandas 中使用 Series 绘制线性图

接着显示数据前几行：

```
s.head()
```

绘制散点图：

```
plt.scatter(s.index, s.values)
plt.show()
```

运行结果如图 6-32 所示，可以观察到图 6-32 中没有明显的异常值。Matplotlib 是 Python 中用于数据可视化的图形库，该任务绘制的是折线图。

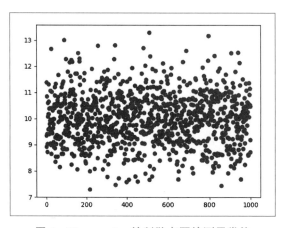

图 6-32 pandas 绘制散点图检测异常值

完整代码如下：

```
import numpy as np
```

```
import pandas as pd
import matplotlib.pyplot as plt
s = pd.DataFrame(np.random.randn(100)+10,columns = ['value'])
print(s.head())
plt.scatter(s.index, s.values)
plt.show()
```

6.3 Python 爬虫排序算法

6.3.1 快速排序

快速排序思路：通过一趟排序，将要排序的数据分割成独立的两部分，其中一部分的所有数据比另外一部分的所有数据都小，然后再按此方法对这两部分数据分别进行快速排序，整个排序过程可以递归进行，以此达到整个数据变成有序序列。

[例 6 – 27] 快速排序。

代码如下：

```
def quick_sort(lists, left, right):
    if left >= right:
        return lists
    key = lists[left]
    low = left
    high = right
    while left < right:
        while left < right and lists[right] >= key:
            right -= 1
        lists[left] = lists[right]
        while left < right and lists[left] <= key:
            left += 1
        lists[right] = lists[left]
    lists[right] = key
    quick_sort(lists, low, left - 1)
    quick_sort(lists, left + 1, high)
    return lists
arr = [2, 645, 1, 344, 546, 442, 89, 99, 76, 90,25,100]
print(quick_sort(arr, 0, len(arr) - 1))
```

排序结果如下：

```
[1, 2, 25, 76, 89, 90, 99, 100, 344, 442, 546, 645]
```

6.3.2 冒泡排序

冒泡排序思路：程序重复地走访要排序的数列，一次比较两个元素，如果它们的顺序错误就把它们交换过来。

在冒泡排序中，走访数列的工作是重复地进行，直到没有再需要交换，也就是说该数列已经排序完成。

[例6-28] 冒泡排序。

代码如下：

```
def bubble_sort(lists):
    count = len(lists)
    for i in range(0, count):
        for j in range(i + 1, count):
            if lists[i] > lists[j]:
                lists[i], lists[j] = lists[j], lists[i]
    return lists
arr = [2, 645, 1, 344, 546, 442, 89, 99, 76, 90, 100, 41]
print(bubble_sort(arr))
```

运行结果如下。

[1, 2, 41, 76, 89, 90, 99, 100, 344, 442, 546, 645]

6.3.3 选择排序

选择排序思路：选择排序时间复杂度为 $O(n^2)$，第 1 趟，在待排序记录 r[1] ~ r[n] 中选出最小的记录，将它与 r[1] 交换；第 2 趟，在待排序记录 r[2] ~ r[n] 中选出最小的记录，将它与 r[2] 交换；以此类推，第 i 趟在待排序记录 r[i] ~ r[n] 中选出最小的记录，将它与 r[i] 交换，使有序序列不断增长直到全部排序完毕。

[例6-29] 选择排序。

代码如下：

```
def select_sort(lists):
    length = len(lists)
    for i in range(0, length):
        min = i
        for j in range(i + 1, length):
            if lists[min] > lists[j]:
                min = j
        lists[min], lists[i] = lists[i], lists[min]
    return lists
```

```
arr = [2, 645, 1, 344, 546, 442, 89, 99, 76, 90,3,45,31]
print(select_sort(arr))
```

运行结果如下。

[1, 2, 3, 31, 45, 76, 89, 90, 99, 344, 442, 546, 645]

6.3.4 归并排序

归并排序思路：归并排序是创建在归并操作上的一种有效的排序算法。算法是采用分治法（Divide and Conquer）的一个非常典型的应用，且各层分治递归可以同时进行。归并排序将 n 个元素分成含 n/2 个元素的子序列，用合并排序法对两个子序列递归排序，最后合并两个已排序的子序列得到排序结果。归并排序思路简单，速度仅次于快速排序，为稳定排序算法，一般用于对总体无序但各子项相对有序的数列。

归并排序和选择排序一样，归并排序的性能不受输入数据的影响，但表现比选择排序好得多。

[例 6-30] 归并排序。

代码如下：

```
def merge(arr, l, m, r):
    n1 = m - l + 1
    n2 = r- m
    # 创建临时数组
    L = [0] * (n1)
    R = [0] * (n2)
    # 拷贝数据到临时数组 arrays L[] 和 R[]
    for i in range(0 , n1):
        L[i] = arr[l + i]
    for j in range(0 , n2):
        R[j] = arr[m + 1 + j]
    # 归并临时数组到 arr[l..r]
    i = 0     # 初始化第一个子数组的索引
    j = 0     # 初始化第二个子数组的索引
    k = l     # 初始归并子数组的索引
    while i < n1 and j < n2 :
        if L[i] <= R[j]:
            arr[k] = L[i]
            i += 1
        else:
            arr[k] = R[j]
            j += 1
        k += 1
```

```python
        # 拷贝 L[] 的保留元素
        while i < n1:
            arr[k] = L[i]
            i += 1
            k += 1
        # 拷贝 R[] 的保留元素
        while j < n2:
            arr[k] = R[j]
            j += 1
            k += 1
def mergeSort(arr,l,r):
    if l < r:
        m = int((l+(r-1))/2)
        mergeSort(arr, l, m)
        mergeSort(arr, m+1, r)
        merge(arr, l, m, r)
arr = [12, 11, 13, 5, 6, 7]
n = len(arr)
print ("给定的数组")
for i in range(n):
    print ("%d" %arr[i]),
mergeSort(arr,0,n-1)
print ("\n\n排序后的数组")
for i in range(n):
    print ("%d" %arr[i])
```

运行结果如下。

```
给定的数组
12
11
13
5
6
7
排序后的数组
5
6
7
11
12
13
```

6.4 项目小结

本项目首先介绍了爬虫技术中的文本分析和数据清洗，然后介绍了 Python 爬虫排序算法，最后介绍了一个综合实例用于爬取网页数据并分析。

通过本项目的学习，读者能够对爬虫技术中的文本分析和数据清洗有一个清晰的认识，需要读者重点掌握的是 Python 爬虫排序算法以及综合实例。

6.5 实训

本实训主要帮助同学理解使用 Python 深层次地掌握网页爬取数据和处理数据的流程。

（1）打开网址：http://www.tianqihoubao.com/aqi/tianjin-202301.html。

该任务将爬取网页中的天津 1 月份 PM2.5 指数查询数据并存储到本地文件中，该页面内容如图 6－33 所示。

2023年1月天津空气质量指数AQI_PM2.5历史数据

分享到： 0

天津01月份空气质量指数(AQI)数据：数值单位：μg/m^3(CO为mg/m^3)

日期	质量等级	AQI指数	当天AQI排名	PM2.5	PM10	SO_2	NO_2	CO	O_3
2023-01-01	良	88	202	64	109	13	59	1.18	13
2023-01-02	优	48	105	31	52	7	42	0.66	30
2023-01-03	良	67	159	48	80	9	59	0.78	16
2023-01-04	良	100	215	75	116	12	68	1.25	12
2023-01-05	中度污染	198	278	156	207	15	78	1.45	17
2023-01-06	重度污染	234	320	192	262	12	80	1.44	20
2023-01-07	良	98	179	57	146	12	72	0.94	13
2023-01-08	良	94	194	58	139	14	64	1.15	17
2023-01-09	良	64	135	34	81	14	47	0.91	26
2023-01-10	优	46	93	25	49	13	52	0.60	25
2023-01-11	轻度污染	103	205	77	123	16	75	1.03	9
2023-01-12	轻度污染	142	242	108	160	14	75	1.52	4
2023-01-13	良	99	213	73	94	7	36	1.08	18

图 6－33　页面部分内容

（2）爬取数据。

代码如下：

```
import time
import requests
from bs4 import BeautifulSoup
headers = {
    'User-Agent':'Mozilla/5.0 (Windows NT 6.1; WOW64) AppleWebKit/537.36 (KHTML, like Gecko) Chrome/63.0.3239.132 Safari/537.36'
}
```

```
    for i in range(1, 13):
        time.sleep(5)
        # 把 1 转换为 01
        url = 'http://www.tianqihoubao.com/aqi/tianjin-202301' + str("%02d" %
i) + '.html'
        response = requests.get(url=url, headers=headers)
        soup = BeautifulSoup(response.text, 'html.parser')
        tr = soup.find_all('tr')
        # 去除标签栏
        for j in tr[1:]:
            td = j.find_all('td')
            Date = td[0].get_text().strip()
            Quality_grade = td[1].get_text().strip()
            AQI = td[2].get_text().strip()
            AQI_rank = td[3].get_text().strip()
            PM = td[4].get_text()
            with open('air_tianjin_202301.csv', 'a+', encoding='utf-8-sig') as f:
                f.write(Date + ',' + Quality_grade + ',' + AQI + ',' + AQI_
rank + ',' + PM + '\n')
```

运行程序后，打开生成的 air_tianjin_202301.csv 文件如图 6－34 所示。

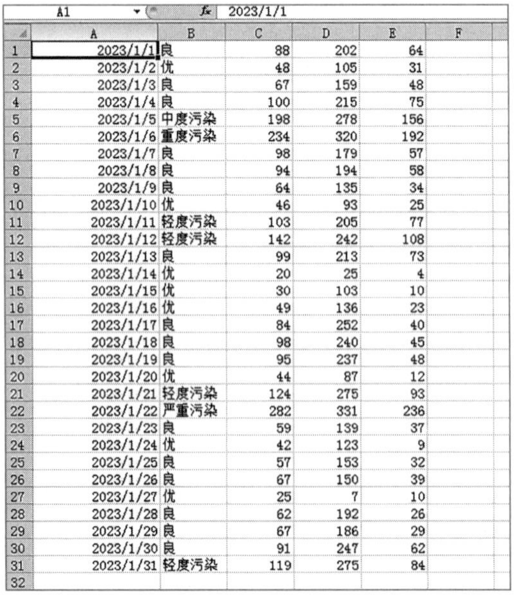

A1 | 2023/1/1

	A	B	C	D	E	F
1	2023/1/1	良	88	202	64	
2	2023/1/2	优	48	105	31	
3	2023/1/3	良	67	159	48	
4	2023/1/4	良	100	215	75	
5	2023/1/5	中度污染	198	278	156	
6	2023/1/6	重度污染	234	320	192	
7	2023/1/7	良	98	179	57	
8	2023/1/8	良	94	194	58	
9	2023/1/9	良	64	135	34	
10	2023/1/10	优	46	93	25	
11	2023/1/11	轻度污染	103	205	77	
12	2023/1/12	轻度污染	142	242	108	
13	2023/1/13	良	99	213	73	
14	2023/1/14	优	20	25	4	
15	2023/1/15	优	30	103	10	
16	2023/1/16	优	49	136	23	
17	2023/1/17	良	84	252	40	
18	2023/1/18	良	98	240	45	
19	2023/1/19	良	95	237	48	
20	2023/1/20	优	44	87	12	
21	2023/1/21	轻度污染	124	275	93	
22	2023/1/22	严重污染	282	331	236	
23	2023/1/23	良	59	139	37	
24	2023/1/24	优	42	123	9	
25	2023/1/25	良	57	153	32	
26	2023/1/26	良	67	150	39	
27	2023/1/27	优	25	7	10	
28	2023/1/28	良	62	192	26	
29	2023/1/29	良	67	186	29	
30	2023/1/30	良	91	247	62	
31	2023/1/31	轻度污染	119	275	84	
32						

图 6－34　运行结果

该任务将爬取的数据保存到 air_tianjin_202301.csv 文件中，在网页中爬取的数据字段分别为 Date（日期）、Quality_grade（质量等级）、AQI（AQI 指数）、AQI_rank（AQI 排名）以及 PM（PM2.5）。

保存文件使用的代码如下：

```
with open('air_tianjin_202301.csv', 'a+', encoding='utf-8-sig') as f:
            f.write(Date + ',' + Quality_grade + ',' + AQI + ',' + AQI_rank + ',' + PM + '\n')
```

（3）分析数据并可视化。

代码如下：

```
import pandas as pd
import matplotlib.pyplot as plt
plt.rcParams['font.sans-serif'] = ['SimHei']  # 设置字体
df = pd.read_csv('air_tianjin_202301.csv', header=None, names=["Quality_grade"])
print(df)
df['Quality_grade'].plot()
plt.title('空气质量分析')
plt.show()
```

6.6 习题

简答题

1. 简述什么是文本分词。
2. 简述 numpy 创建数组的方法。
3. 简述 pandas 读取 csv 文件的方法。
4. 简述快速排序的思路。

参考文献

[1] 林子雨. 数据采集与预处理[M]. 北京：人民邮电出版社，2022.
[2] 黄源. 大数据可视化技术与应用[M]. 北京：清华大学出版社，2020.
[3] 黄源. 大数据技术与应用[M]. 北京：机械工业出版社，2020.
[4] 李俊翰. 大数据采集与爬虫[M]. 北京：机械工业出版社，2021.

图书在版编目（CIP）数据

大数据爬虫技术 / 黄源，李兵川，尹光辉主编 . --北京：中国人民大学出版社，2023.7
21 世纪技能创新型人才培养系列教材 . 大数据系列
ISBN 978-7-300-31885-1

Ⅰ. ①大… Ⅱ. ①黄… ②李… ③尹… Ⅲ. ①数据处理－教材 Ⅳ. ① TP274

中国国家版本馆 CIP 数据核字（2023）第 124285 号

21 世纪技能创新型人才培养系列教材·大数据系列
大数据爬虫技术
主　编　黄　源　李兵川　尹光辉
副主编　刘志才　吴湘江　王雅静　秦阳鸿　陈　阳　薛中会　黄　英　张永建
　　　　边龙龙　陈建勇　王　玉　齐　宁　古荣龙　王志远　秦　伟
主　审　梁晓阳
Dashuju Pachong Jishu

出版发行	中国人民大学出版社			
社　　址	北京中关村大街 31 号		邮政编码	100080
电　　话	010-62511242（总编室）		010-62511770（质管部）	
	010-82501766（邮购部）		010-62514148（门市部）	
	010-62515195（发行公司）		010-62515275（盗版举报）	
网　　址	http://www.crup.com.cn			
经　　销	新华书店			
印　　刷	北京宏伟双华印刷有限公司			
开　　本	787 mm × 1092 mm　1/16		版　次	2023 年 7 月第 1 版
印　　张	13.75		印　次	2023 年 7 月第 1 次印刷
字　　数	288 000		定　价	49.00 元

版权所有　　侵权必究　　印装差错　　负责调换